减脂增肌餐

刘青野 编著

吉林科学技术出版社

图书在版编目（CIP）数据

减脂增肌餐 / 刘青野编著. -- 长春 : 吉林科学技术出版社，2024. 12. -- ISBN 978-7-5744-1894-3

Ⅰ. TS972.161

中国国家版本馆CIP数据核字第20247JT229号

减脂增肌餐

JIAN ZHI ZENG JI CAN

编　　著　刘青野
出 版 人　宛　霞
策划编辑　穆思蒙　张　超
全案策划　吕玉萍
责任编辑　王聪会
封面设计　李东杰
内文制作　郭红玲
特约编辑　肖汉莉
幅面尺寸　160 mm × 230 mm
开　　本　16
字　　数　120千字
印　　张　12
印　　数　1～20 000册
版　　次　2024年12月第1版
印　　次　2024年12月第1次印刷
出　　版　吉林科学技术出版社
发　　行　吉林科学技术出版社
地　　址　长春市福祉大路5788号龙腾国际大厦A座
邮　　编　130118
发行部电话/传真　0431-81629398　81629530　81629531
81629532　81629533　81629534
储运部电话　0431-86059116
编辑部电话　0431-81629517
印　　刷　德富泰（唐山）印务有限公司
书　　号　ISBN 978-7-5744-1894-3
定　　价　59.00元

如有印装质量问题　可寄出版社调换

前言

减肥是一个长盛不衰的话题，而且越来越多的人开始意识到拥有合理的体重和更低的体脂率对健康的重要性。我们通常用身体质量指数（BMI）作为评估人体胖瘦程度的指标，BMI的具体值是通过一个人的体重（千克）除以身高（米）的平方得出的。

BMI 的计算公式如下：

BMI = 体重（kg）/ 身高^2（m^2）

根据世界卫生组织的标准，BMI 数值可以被归类为以下几个范围：

BMI ＜ 18.5：体重过低

18.5 ≤ BMI ＜ 24.0：体重正常

24.0 ≤ BMI ＜ 28.0：超重

BMI ≥ 28.0：肥胖

BMI 值能够让我们初步了解自己的身体状况，判断自己是否处于偏瘦、正常、超重或肥胖状态。然而，BMI 并不能区分体重中脂肪和肌肉的比例，也不能反映体内脂肪的分布情况。因此，对于一些特殊体型的人，比如运动员或者肌肉发达的人来说，BMI 可能会被误判。因此，在使用 BMI 值评估身体胖瘦程度时，最好结合其他指标，如体脂含量、腰围等进行综合考量，以得出更准确的评估结果。

我们可能从网上看到过一些博主分享使自己减肥成功的食谱，其内容大多如下：早餐一个煮鸡蛋、一根玉米、一杯牛奶，午餐一小碗杂粮饭、一盘炒小白菜、50克牛肉，晚餐一杯牛奶。坚持一个月，减重十几斤。事实上，这样的食谱并不一定是健康的，也并不适合每个人。原因很简单，每个人每日消耗的能量不相同，让一个身高170厘米、体重80千克的男性和一个身高160厘米、体重50千克的女性按同一份减脂食谱去吃的做法显然是不合理的。

那么我们的每日能量消耗是多少？我们应该如何确定自己是不是肥胖或体脂率高？如何科学地制订自己的减脂和增肌计划？本书会解答这些问题。

健康的饮食习惯并不是要求绝对禁吃某些食物，也不是说可以放开吃某些食物。鸡胸肉、牛肉、粗粮都是减脂的良药，但如果过量食用它们，饮食结构单一，也会导致肥胖。

有一种很流行的说法，即不吃晚饭可以瘦，但这并不符合大多数人的饮食习惯，人们往往可以坚持三五天乃至一个星期不吃晚饭，但是若要长期坚持却很难做到，并且长期不吃晚饭，忍饥挨饿容易导致肠胃疾病。科学健康的减脂餐应该是可持续的，它不但要满足人体每天所需的营养素，而且要避免过度限制碳水化合物和脂肪的摄入量。合理膳食可以帮助人们保持健康，并且容易坚持，从而实现长期的减脂目标。减脂增肌餐必须易于坚持，这意味着食物选择应该多样化，尽量包含人们所喜欢的食物，也不要完全禁忌某些食品。

对于减脂餐的营养成分，需要确保摄入足够的蛋白质、碳水化合物和脂肪。蛋白质是重要的营养成分，可以帮助人们维持肌肉质量；碳水化合物是身体所需的主要能量来源，如果过度限制可能会导致能量不足，影响身体机能；脂肪虽然需要适量控制，但不能完全杜绝，因为它们是重要的营养成分，可以帮助维持身体内部器官的正常运作。

减脂增肌餐也应该与个人的生活方式相适应，这意味着它需要考虑到每个人的工作、家庭和休闲时间等因素。科学健康的减脂餐需要营养充分，并且易于坚持。合理的减脂餐可以帮助人们实现减脂目标，并提高整体生活质量。

本书标注的食品营养成分并不绝对，例如，土豆泥的营养成分是取适中的浓度来评估的，而大家在操作时可能会依据个人口感来制作，所以做出来的土豆泥有稀稠之别。另外，不同品种的土豆营养成分也略有差别，故本书所述食物的营养成分仅供参考。

本书所提供的食谱并没有太复杂的做法，食材也较为易得，大家可以在这个基础上举一反三，建立自己的健康饮食习惯。我们若能从营养学的角度建立起对食物的认知，从根本上了解减脂和增肌的原理，哪怕是在家庭聚餐、同事聚餐或点外卖时，也能选择出更符合我们身体需求的减脂增肌餐。

目录

第一章 减脂增肌，要怎么吃

第二章 简便易上手的低热量主食

第三章 补足优质蛋白，吃出紧致线条

第四章 蔬菜巧搭配，健康营养瘦得快

第五章 零食自己做，美味无负担

第六章 吃好练后餐，加速肌肉的恢复与增长

第一章

减脂增肌，要怎么吃

我们的身体是否健康，与饮食、运动、作息、心态这几个因素密不可分，而其中吃什么、怎么吃显得非常重要，因为我们摄入的营养是身体运行的基础。减脂增肌是指通过控制饮食和进行合理的运动，达到减少身体脂肪含量的同时，增加肌肉质量的目的。

科学认识食物的营养，让餐桌更健康

要想有效地减脂增肌，就需要全面而均衡地摄入身体所必需的营养素。人体所必需的六类物质最为重要，分别是水、蛋白质、脂类、碳水化合物、矿物质、维生素，这些物质参与人体各项生理功能。健康的膳食结构强调多样化的饮食，《中国居民膳食指南（2022）》建议平均每天摄入 12 种以上食物，每周 25 种以上。

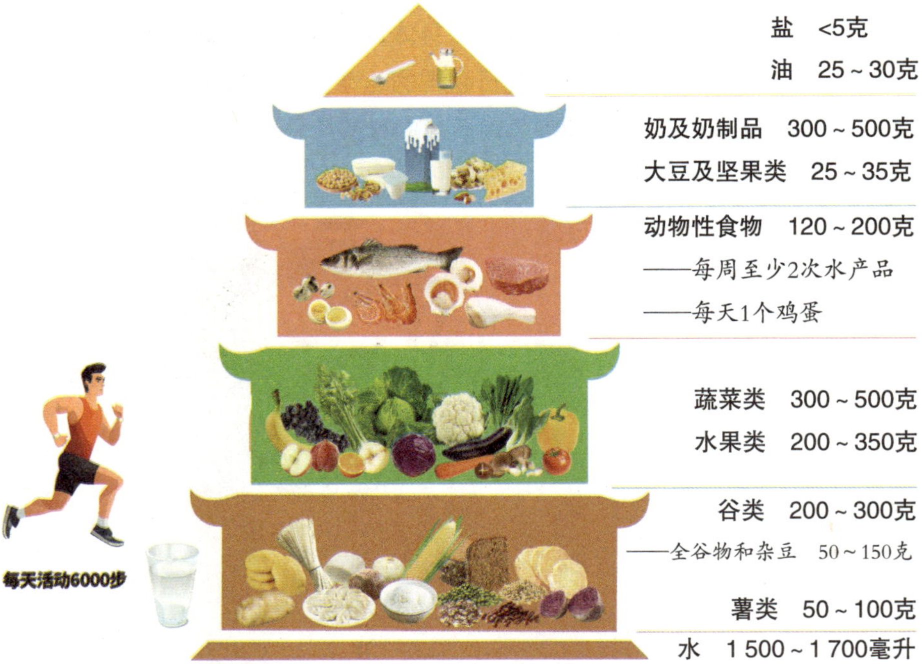

水

对于健康的成年人来说，每天摄入 1 500 ~ 1 700 毫升水可以帮助身体有效地排出代谢废物和毒素，并促进脂肪的代谢。如果我们进行了高强度的运动，那么还需要饮用更多的水来补充身体所失去的水分。

有的时候我们感觉饿，其实并不是真的饿了，也有可能是因为身体缺水而发出的饥饿信号。对需要控制热量摄入的人来说，如果感觉饿了，可以试着先喝一杯水。

人体摄入的水包括饮用水和食物中的水分。除了直接饮用水之外，我们从食物中也会摄取一定量的水分。蔬菜、水果、清淡的汤类等含有高水分的食物都可以为我们提供水分补充。此外，牛奶、茶和咖啡等饮品也含有水分。尽管这些食物和饮料的水分含量不同，但它们都对人体的水分摄入起到一定的作用。

碳水化合物

每克碳水化合物可以给人提供约 4 千卡的热量。碳水化合物是人体维持生命活力所需能量的主要来源，它在被消化后会转化为葡萄糖或其他单糖，然后供给身体各个组织和器官能量。碳水化合物还可以保护肝脏，预防酮症酸中毒，若长期不吃碳水化合物可能会导致肥胖、糖尿病、脂肪肝、脑血管疾病等。碳水化合物的主要食物来源有

注：1千卡≈4.184千焦

谷类、蔬菜和水果等。

过量摄入碳水化合物不仅会影响其他营养素的摄入，而且会导致血糖升高，因此，在减脂期，需要合理控制碳水化合物的摄入量。

脂类

脂类是人体所必需的三大宏量营养素之一，也是体内储存能量的主要形式。脂类包括脂肪和类脂，每克脂肪可以提供 9 千卡的热量，是蛋白质和碳水化合物所提供热量的两倍多。根据《中国居民膳食指南（2022）》的建议，成人每天烹调用油的推荐摄入量是 25 ~ 30 克，大概是 2 ~ 3 汤勺的量。每天摄入这个量可以确保人体获得足够的能量和必需脂肪酸，同时也有助于控制总体热量的摄入，从而维持健康的体重。

脂肪是脂溶性维生素（如维生素 A、维生素 D、维生素 E 和维生素 K）的重要溶剂。脂肪摄入不足可能会导致脂溶性维生素的吸收不良，从而增加缺乏这些维生素的风险。因此，适量地摄入脂肪可以促进脂溶性维生

素的吸收。

脂肪是脂肪酸的重要来源。脂肪酸包括饱和脂肪酸和不饱和脂肪酸，而不饱和脂肪酸又包括单不饱和脂肪酸和多不饱和脂肪酸，它们对健康至关重要。例如，ω-3 不饱和脂肪酸对心血管健康和炎症调节有益，适量地摄入脂肪可以确保身体获得必需的脂肪酸。

在日常饮食中，合理摄入适量的脂肪是非常必要的，但需要注意的是，脂肪的选择也很重要，应该选择富含健康脂肪的食材，如肉类（瘦肉）、植物油、坚果类、鱼类等。我们应该尽量少吃油炸食品，以及含反式脂肪酸的、油腻的食物。并非所有高脂肪食物都是不健康的，一些健康的脂肪来源，如坚果、牛油果和橄榄油等，也可以为身体提供重要的营养素和健康脂肪酸。

蛋白质

蛋白质是机体组织和细胞的重要组成部分，同时还参与体内新陈代谢的调节和维持免疫系统功能。富含蛋白质的食物包括肉类、鱼类、蛋类、豆类等。

1 克蛋白质可以提供 4 千卡的热量。根据运动量和体重摄入足够的蛋白质，对维持肌肉健康和修复至关重要。对健康的成年人来说，一般建议每千克体重摄入 0.8 ~ 1.2 克的蛋白质。例如，一位 70 千克的成年人，每天需要摄入 56 ~ 84 克的蛋白质。

将蛋白质合理地分配到每日各餐中，有助于延缓胃肠道的排空速度，增加饱腹感，并维持肌肉合成的稳定。我们可选择富含优质蛋白质的食物，如畜瘦肉、禽肉、鱼类、豆类、低脂奶制品、蛋类等。这些食物富含优质蛋白，有助于满足身体的需求。

维生素

维生素是人体所需的有机化合物，虽然在人体中所需的量相对较少，但对正常的新陈代谢、能量的产生和免疫系统功能的维系至关重要。人体必需的维生素包括 B 族维生素、维生素 C、维生素 E 等。

B 族维生素包括多种维生素，如维生素 B_1、维生素 B_2、维生素 B_6 等。这些维生素参与蛋白质、碳水化合物和脂肪的代谢，促进能量产生，并支持肌肉修复和生长。

维生素 C 是一种强大的抗氧化剂，有助于清除自由基，减轻训练引起的氧化应激。此外，维生素 C 还参与胶原蛋白的合成，有助于维持肌肉、骨骼和结缔组织的健康。

维生素 E 也是一种抗氧化剂，有助于保护细胞免受氧化损伤。它还可以保护血管的健康，促进生殖系统健康等。

矿物质

矿物质，又称无机盐，是人体内无机物的总称，包括钙、铁、镁、钾和硒等，属于人体必需的七大营养素之一。矿物质对强化骨骼力量与结构、维持血液与组织相对的酸碱度、维持有效的肌肉运动与协调能力，以及调节细胞的新陈代谢都具有很重要的作用。

钙的摄入对减脂很重要，因为它可以促进脂肪降解。缺乏钙可能会增加脂肪储存并降低脂肪的代谢速率。优质的钙来源包括奶制品、豆类、坚果和绿叶蔬菜。

铁是合成血红蛋白所必需的矿物质，对供氧和维持新陈代谢至关重要。缺铁可导致身体无法获得足够的氧气，从而减慢代谢速率。

富含铁的食物包括畜瘦肉、鱼肉、豆类和绿叶蔬菜。

镁参与能量代谢，同时在肌肉功能中发挥重要作用，对减肥期间的肌肉恢复有益。镁不足可能导致肌肉紧张和疲劳。富含镁的食物包括绿叶蔬菜、全谷类和坚果。

钾是平衡体内钠元素的重要矿物质，有助于排出多余的盐分和水分，减轻水肿症状。富含钾的食物包括香蕉、土豆、西蓝花和杏仁等。

硒是一种重要的抗氧化剂，有助于清除自由基，提高免疫力，延缓皮肤衰老。富含硒的食物包括坚果、鸡肉、鱼类和燕麦片等。

膳食纤维

膳食纤维主要存在于植物类食物中。根据其在水中的溶解性，膳食纤维可以分为可溶性膳食纤维和不可溶性膳食纤维两类。

可溶性膳食纤维在水中能够形成胶状物质，包括果胶、半纤维素等。它们能与水结合形成黏稠的物质，延缓食物通过胃肠道的速度，有助于调节血糖水平、降低胆固醇并益于肠道健康。可溶性膳食纤维主要存在于燕麦片、豆类、某些水果

（如苹果、柑橘）、蔬菜（如胡萝卜）中。

不可溶性膳食纤维不溶于水，包括纤维素、木质素等。它们在胃肠道中不被分解，可以增加食物的体积和质量，促进肠道蠕动，促进排便，预防便秘。不可溶性膳食纤维主要存在于全谷物、坚果和蔬菜的皮层中。

高膳食纤维的食物有助于减缓胃肠道的消化速度，增加饱腹感，控制食欲，同时促进肠道蠕动，改善便秘等问题。对健康的成年人来说，每天推荐摄入膳食纤维为 25 克。

一些富含膳食纤维的食物包括：水果（如苹果、梨、草莓、柑橘等）、蔬菜（如菜花、西蓝花、胡萝卜、豌豆、豆角等）、全谷类食物（如燕麦片、全麦面包、糙米等），以及豆类（如黄豆、黑豆、红豆、绿豆等）。

常见的高膳食纤维食物

蔬菜类（每 100 克）

蚕豆
3.1 克

蘑菇
3.3 克

黄菜花
7.7 克

山药
4.1 克

海带
6.1 克

魔芋
3.1 克

苦菊
3.1 克

芹菜
2.4 克

四季豆
4.8 克

毛豆
4.0 克

莲藕
4.9 克

主食类（每 100 克）

绿豆
16.3 克

黑麦
14.8 克

鹰嘴豆
12.2 克

大麦
20.1 克

白芸豆
9.8 克

燕麦片
8.6 克

水果类（每 100 克）

金橘
6.5 克

番石榴
5.4 克

梨
3.6 克

香蕉
2.7 克

蓝莓
2.4 克

苹果
2.5 克

摄入适量的蛋白质是增肌的首要法则

蛋白质是肌肉组织生长和修复所必需的营养素，因此，如果想要增加肌肉质量，就必须确保每天摄入足够的蛋白质。

每天需要摄入蛋白质的量

根据中国营养学会的推荐，成年人每天需要摄入 0.8 ~ 1.2 克 / 千克体重的蛋白质。正常情况下，成年人每日蛋白质摄入量为 60 ~ 90 克，这个范围可以根据个体的具体情况和活动水平进行调整。例如，孕妇、从事剧烈运动或是正处于生长发育期的人可能需要

孕期平衡膳食基本原则

孕妇应摄入充分的能量	孕期要提高主食的摄入量，以及适当地提高脂肪的摄入量，增加肉类食物的摄入。在怀孕的中、晚期，每天要摄入400～500克的主食和200～250克的肉类食物，建议每日喝500毫升牛奶。
补充无机盐、维生素和膳食纤维	除了补充充足的能量之外，孕期也不能忽视其他营养元素的摄入。孕妇要摄入更多含钙、铁丰富的新鲜蔬菜、水果。如在孕中、晚期，蔬菜、水果的日摄入量应该在800克左右，同时还需要摄入一定量的豆类食品及各种水产品。
每日膳食应摄入不同种类的食物	孕期食物应多样化，每日膳食应包括肉类、豆类、蔬菜类和水果类、谷类及薯类等食物，且要选用同一类中的各种食物，这样既能让不同食物在营养结构上互补，又能避免孕妇因进食大量单品种食物而影响食欲。
不同时期的膳食应有所不同	孕早期的胎儿生长较为缓慢，因此孕妇所需的能量和各种营养素并没有很大的变化，只要能保证孕妇身体状况良好、营养均衡就已足够。孕中期和孕晚期，由于胎儿生长速度加快，要保证胎儿生长所需营养，就需相应地增加能量及营养素的摄入。

更多的蛋白质。对每天坚持高强度训练的人来说，每天每千克体重需要蛋白质的量可达到1.5克，但是最好不要超过2克。

蛋白质摄入过低可能会导致肌肉流失、免疫功能下降，以及代谢率降低。长期蛋白质摄入不足会影响身体组织的修复和生长，甚至会影响到身体各项生理功能的正常运作。

蛋白质是人体重要的营养物质，但是也不是越多越好。如果蛋白质摄入过量，可能会增加肾脏负担，尤其是对那些本来就存在肾脏疾病的人群来说更为不利。此外，过量摄入蛋白质也可能导致钙质流失，增加骨质疏松的风险。另外，过多的蛋白质也会提供额外的热量，如果这些热量不能被身体消耗掉，也可能导致体重增加。

蛋白质的来源

蛋白质可以从多种食物中获取，包括畜肉类、禽肉类、鱼类、奶及奶制品、大豆及其制品、坚果类，以及一些谷类等。

畜肉类、禽肉类、鱼类和奶制品是优质蛋白质的重要来源，它们提供丰富的必需氨基酸，并且易于消化吸收。此外，它们还含有丰富的维生素和矿物质，对维持肌肉组织、骨骼健康和身体机能至关重要。

植物蛋白质的来源包括大豆及其制品（如豆腐、豆浆）、坚果类

（如核桃、杏仁、芝麻、南瓜子）等。尤其是大豆类，它们提供高质量的植物蛋白，同时富含膳食纤维、多种维生素和矿物质，对于素食者或需要减少动物性食品摄入的人来说是重要的蛋白质来源。

要想每日蛋白质摄入充足，要怎么吃?

假设一个人根据体重和运动量估算，需要保证一天摄入蛋白质的量最低为 70 克，可以考虑以下食物的组合:

1. 畜肉类和禽肉类 100 克。选择瘦肉，如鸡胸肉、牛肉等。每 100 克瘦肉含有 20 ~ 30 克蛋白质。

2. 鱼类 100 克。草鱼、鲈鱼、金枪鱼、鳕鱼等都是很好的选择。每 100 克鱼肉含有 20 ~ 25 克蛋白质。

3. 豆类及豆制品 100 克。豆类，如黑豆、黄豆、红豆等是植物蛋白的良好来源。每 100 克熟豆含有 8 ~ 10 克蛋白质，而 50 克豆腐约含 6 克蛋白质。

4. 奶及奶制品 240 毫升。牛奶及奶制品都富含蛋白质。一杯牛奶（240 毫升）含有 8 ~ 10 克蛋白质。酸奶也是不错的选择。

5. 谷物 100 克。全麦面包、糙米、燕麦片等富含蛋白质，每 100 克谷物含蛋白质 10 ~ 15 克。

6. 坚果 30 克。杏仁、核桃、花生等都富含蛋白质。每 30 克坚果含 5 ~ 7 克蛋白质。

优质碳水食物让你轻松燃脂

尽管减脂的目标是消耗多余的脂肪储存，但是身体仍然需要能量来维持基础代谢和日常活动。碳水化合物是身体的主要能量来源之一，我们不仅要摄入足量的碳水，更要选择摄入优质的碳水。

不同类型的碳水化合物吸收速度和对身体的影响有所不同。复杂碳水化合物，如全谷物、蔬菜和豆类，相对于简单碳水化合物消化速度慢，同时也可以提供更多的膳食纤维和其他营养素。

碳水化合物的摄入量

碳水化合物是一种提供快速能量的营养素，它们被分解为葡萄糖并释放出能量。当我们进行高强度的运动，身体需要大量的能量时，碳水化合物可以迅速供给能量来满足需求，减少身体分解蛋白质来提供能量的情况，从而有助于保护肌肉组织，防止肌肉流失。

此外，摄入适量的碳水化合物还有助于维持血糖稳定。血糖的稳定对控制食欲、提供大脑所需的能量，以及维持身体正常功能都非常重要。如果摄入的碳水化合物过少，可能会导致低血糖和能量不足的情况。

根据我们的饮食习惯和特点推断，每天摄入碳水化合物占总能量的 55% ~ 60% 是一个适宜的范围。对于成年人来说，由于其体重、活动水平和个体差异不同，每天摄入的碳水化合物的量也会有所不同。以一个健康的成年人为例，如果每天需要摄入 2000 ~ 2300 千卡的能量，那么根据 55% ~ 60% 的碳水化合物摄入比例大致计算可以得出，他每天摄入的碳水化合物的热量为 1100 ~ 1380 千卡。这相当于 275 ~ 345 克的碳水化合物。

但是对每天健身的，有增肌计划的人来说，如果进行低强度的有氧运动，那么每天每千克体重的碳水化合物摄入量可以控制在 3 ~ 5 克。如果进行高强度无氧运动的话，那么其每天每千克体重的碳水化合物摄入量可以控制在 5 ~ 7 克。

选择低GI（血糖生成指数）的碳水化合物

在生活中，我们往往会有这样的体会：如果就餐时吃了米饭和肉类、蔬菜，那么吃饱后几个小时内都不会感到饥饿。但是如果就餐时没有吃米饭，只是吃了饼干或面包，虽然就餐当时感到饱了，但往往很快就会感到饥饿，想要再次进食，于是在不知不觉中，摄入的热量就会超标。其实，食物饱腹感是否强，与其 GI 值有关。如果我们了解了食物的 GI 值，那么以后就餐时，就可以选择可以增强饱腹感，同时热量较低且营养更丰富的食物。

GI 值是一个反映食物对人体血糖升高程度的重要指标。该值表示某种食物在进食后 2 小时内引起血糖升高的程度。以葡萄糖的血糖反应为基准（定为 100%），GI 值越高，意味着食物引起的血糖上升和下降变化速度越快，也会导致饥饿感更快地出现。

低 GI 食物（GI < 55）的消化速度较慢，血糖上升缓慢且稳定，

可以使人更有饱腹感。蔬菜、水果、谷物、坚果和豆类通常被认为是低 GI 食物，适合作为日常饮食的一部分。

中 GI 食物（55 ≤ GI ≤ 70）的消化速度比低 GI 食物快一些，对血糖的影响相对平缓。例如蔗糖、烤番薯和谷物制品，但是需注意，要适量摄入。

高 GI 食物（GI > 70）的消化速度较快，会迅速引起血糖峰值，然后血糖迅速下降。精制面食和精白米饭等食物通常属于高 GI 食物，减脂期间建议少吃或不吃。

食物中碳水化合物的质量越好，消化速度越缓慢，引起的餐后血糖波动越低，则食物 GI 值就越低。食物的 GI 值受食物中碳水化合物的质量影响，而不受其含量影响。

低 GI 食物消化慢，吸收率低，对血糖影响小，能够帮助保持血糖稳定，有助于减少饥饿感。在减脂期，选择低 GI 的碳水化合物，如全谷类食物、蔬菜和水果，有助于稳定血糖水平并提供持久的能量。

有人将碳水化合物分为快碳、慢碳和劣碳。快碳指精米、白面类食物，慢碳有玉米、燕麦片等粗加工的食物，而蛋糕、炸制食物则被归为“劣碳”，即劣质碳水。其实在营养学上没有这个说法。奶油蛋糕的 GI 值较高，热量也较高，100 克奶油蛋糕的热量约为 379 千卡，一个 8 寸蛋糕大约重 900 克，如果吃 1/6 个，就摄入了 568 千卡的热量，这个热量大约相当于 300 克米饭外加一盘番茄炒鸡蛋（约 200 克）的热量，并且蛋糕属于 GI 值较高的精制碳水，很容易导致人在吃完蛋糕后还会吃其他食物，如果长期大量地吃这类食物会不利于控制血糖水平，使患肥胖和糖尿病的风险增加。

我们提倡在减脂、增肌期少吃高 GI 值的碳水化合物，并不是说绝对禁止吃蛋糕、面包这类食品，从营养学的角度来说，天然奶油蛋糕的成分有低筋面粉、鸡蛋、奶油、白砂糖等，可以为人体提供碳水化合物、脂肪、蛋白质等营养素。只要控制好食用量，天然奶油蛋糕也是可以适量吃一些的，但是需尽量选择在早上或中午吃，并且在吃之前，要计算好热量，从当天的餐食总量中扣除即可。

如何有效控制油脂的摄入

人体脂肪具有储存能量、提供能量、保护脏器、调节体温、分泌激素等多种作用，同时脂肪细胞具有修复和再生能力。

虽然脂肪十分重要，但是摄入过量确实对身体有害。我们所习惯的烹饪方法，如爆炒、煎、炸等都极易导致人体摄入油脂过多，油脂摄入过多会导致摄入的热量过高，对减脂增肌不利，所以我们可以在保证菜品口味的同时控制油脂的摄入。

油脂是人类饮食顶级的能量来源，每克油脂能提供 9 千卡的能

量。如果一个人每天额外摄入约 15 克的油脂，每天总热量摄入将增加 135 千卡。根据能量平衡原理，每增加 3500 千卡的热量摄入，就会导致增加大约 0.45 千克的体重。如果长期过量食用油脂，而每日的运动又不足以消耗掉多余的能量，那么体重将只增不减。

几个控制油脂摄入的方法

为了更有效地控制油脂的摄入，我们在烹饪时可以多选择蒸、煮、烤，或者水煮等低油的烹饪方式，尽量避免食用油炸食物。另外，可以考虑使用不粘锅或者喷雾式油瓶，以减少使用油的量。

使用喷油壶

喷油壶可喷射出扇形雾状的油脂，每次喷射出大约 0.15 克食用油，可以帮助您更好地掌控用油的量。这对于需要减少油脂摄入或控制烹饪油使用量的人来说，是一种很实用的用具。使用喷油壶可以让您在烹饪过程中更加精确地控制油脂的使用量，以满足个人的健康需求。

用空气炸锅代替传统的煎炸方式

在减脂期，烹饪方法可以选择蒸、煮、烤，或者水煮等低油的烹饪方式，少食用煎炸类食品，因为这些食品中含有大量的油脂，很难控制摄入的热量。如果特别想食用此类食物，可以选择用空气炸锅来做这种料理。空气炸锅采用的是高速循环的热空气技术，在不使用或使用极少量油脂的情况下，也能够将食材表面炸至金黄色和呈现较酥脆的口感。

但是需要注意的是，空气炸锅本身并不能完全消除食材中的油脂，如果食材本身含有较多的油脂，仍然会在烹饪过程中被释放出来，导致整个食品的油脂摄入量较高。因此，在使用空气炸锅进行烹饪时，仍需要注意食材的选择和搭配，以达到更好的控油效果。

不粘锅

不粘锅可以帮助减少油的使用量，这是因为不粘锅表面覆有特殊的不粘涂层，食物在烹饪过程中不容易粘在锅底上，在烹饪时，可以用较少的油来达到相同的烹饪效果，从而降低油脂的摄入量。这对于追求健康饮食的人来说是一个很好的选择。

五个饮食替代法，健康兼顾美味

饮食替代法是一种常见的减脂方法，通过选择更健康的食品来替代高热量、高脂肪的食品，可以帮助减脂增肌的人很好地控制热量的摄入，并提供身体所需的营养。这种方法有助于减少摄入的总能量，从而达到减脂的效果。常见的饮食替代法包括用水果替代甜食、用谷薯类食物替代部分精制碳水、用水替代饮料，以及用调味粉替代调味酱等。这些饮食替代法可以帮助人们更好地控制所摄入的热量，实现健康减脂的目标。

1. 用水果替代甜食

水果中富含天然糖分，是良好的甜食替代品。香蕉和西瓜等水果含有果糖，能够满足想吃甜食的口腹之欲，同时水果的热量相对较低，有助于控制整体的热量摄入。

通常，在制作一些甜点，如蛋糕、蛋挞时，为了增加香甜的口感，会加入大量的糖。以市场上售卖的普通的奶油蛋糕为例，100 克蛋糕含糖量大约是 30 克，热量在 370 千卡以上，而草莓的含糖量通常在

4% ~ 8% 之间，100 克草莓的热量却只有 30 千卡左右。另外，水果中还富含维生素、矿物质和膳食纤维，有助于帮助人体消化和排毒。低糖水果，如草莓、覆盆子和蓝莓等都是很好的甜食替代品。

如果实在想吃奶油面包，可以用牛油果泥来替代奶油涂抹在面包片上。牛油果泥有着细腻的口感，同时富含健康的脂肪。相比之下，牛油果泥所含的饱和脂肪酸含量较低，使其成为一种比较健康的甜食替代品。

2. 用谷薯和杂粮替代部分精米白面

谷薯类食物，如山药、红薯、土豆、芋头、莲藕等含有丰富的碳水化合物，可以作为主食食用，为人体提供更全面的营养。与精制碳水相比，一些杂粮，如小米、糙米、红豆等具有更强的饱腹感。在煮米饭时掺入部分杂粮，做成杂粮饭，有利于控制食欲，同时使米饭增加营养。

3. 用水替代饮料

在减脂期，我们应避免饮用含有过多糖分及其他添加剂的饮料，如碳酸饮料、果汁和甜茶。以市售某品牌可乐为例，一瓶 500 毫升可乐的含糖量相当于 12 块方糖的含糖量。在减脂期间，最好避免或限制高糖饮料的摄入。

白开水、纯净水是比较好的饮用水，当然我们也可以根据需要，在水中加入柠檬片、花茶等用来调节饮用水的口感。食用水果和蔬菜等方式也可以有效补充水分。

4. 用调味粉替代调味酱

很多酱料的配方中加入了高热量的食用油及大量的糖和盐，这些成分可以增加酱料的口感，但同时也会导致酱料的热量偏高。例如，蛋黄酱是一种常见的酱料，其脂肪含量较高，1勺蛋黄酱通常含有约12克脂肪。蔬菜沙拉酱的热量往往也较高，以某品牌的千岛酱为例，4勺千岛酱的热量就超过了300千卡，相当于300克米饭的热量。

在减脂期，可以选择使用调味粉，如花椒粉、辣椒粉、五香粉等替代调味酱，这些调味粉既可以增加菜品的口感，又不会因为热量过高而对身体造成负担。此外，还可以使用天然的调味料，如姜、蒜、洋葱等，不仅味道鲜美，还对健康没有负担。

5. 用瘦肉替代肥肉和加工肉类

瘦肉通常指的是脂肪含量较低的肉类，如鸡胸肉、猪里脊肉、瘦牛肉等。这些肉类富含优质蛋白质，但相对较低的脂肪含量有助于控制热量的摄入。

肥肉的热量比瘦肉高很多，例如100克五花肉所含的热量是349千卡，100克猪瘦肉所含的热量则是143千卡。因此，我们在选购肉类的时候要尽量选购瘦肉，如果饮食当中使用了肥肉，那么在烹制时食用油的使用量就应减少。另外，肉皮中含有较多的脂肪，食用肉类时，把皮去掉也可以减少热量的摄入。

加工肉类通常含有较高的热量，这是因为在加工过程中，肉类往往会添加油脂、糖分、盐等调味料，以增添风味和延长保质期。这些添加剂的成分会增加食物的热量，如香肠、午餐肉和熏肉等加工肉制品中，通常含有较高的脂肪和盐分，多食用这些食物，会对健康不利。

练后餐很关键，吃错等于白练

在进行大量的力量训练后，很多人为了制造更大的热量缺口，会选择什么都不吃，也有人会想着训练已经消耗了很多热量，就可以毫无负担地吃“放纵餐”，其实这些都是不科学的，并不利于减脂增肌。

误区一：在训练之后什么都不吃

虽然在减脂期需要制造热量缺口，但是在训练后不吃任何东西并不是正确的选择。在健身或者进行体育锻炼后，人体消耗了大量的能量和营养物质，需要及时补充以帮助恢复和修复肌肉组织，提高身体的适应能力，否则会导致肌肉恢复变慢，肌肉损伤累积。

锻炼后的身体需要快速恢复和补充营养，以便修复肌肉组织和为下一次训练做准备。如果什么都不吃，身体将不能及时获得所需的营养和能量，从而影响肌肉的恢复和增长。

此外，对有减脂需求的人来说，每日热量摄入可以保持在每日热量消耗的 80% ~ 90%。但是当人进入“增加每日训练量，同时还过度节食”的模式中，这个热量缺口过于大的时候，身体会进入饥饿模式，这可能导致身体开始分解肌肉来提供热量，这会降低身体的代谢率，使减脂变得更加困难。

误区二：在训练后吃“放纵餐”

有些人认为在进行训练后身体已经消耗了足够多的热量，可以随意吃一些高热量食物，如炸鸡、甜品等，这种想法是错误的。过度摄入高热量食物可能会抵消训练的效果，甚至会导致体重增加。

运动后，身体通常处于代谢活跃状态，血糖水平可能会升高，如果再摄入大量含糖的食品，特别是可以快速消化的简单糖类，血糖水平可能会迅速上升，导致胰岛素分泌量增加。这可能会促使身体将多余的糖转化为脂肪储存，而不是有效利用脂肪作为能量来源。

大量摄入含糖食品或油脂类食品可能会引起消化不适。特别是高脂肪食物需要更长的时间来消化，这可能会导致运动后产生不适感并给消化系统造成负担。

科学地摄入练后餐

运动后身体需要适量的蛋白质、碳水化合物和一些健康的脂肪来支持肌肉的修复和恢复过程。

在锻炼后的一定时间内，摄取高质量蛋白质可以促进肌肉的合成和恢复。这是因为锻炼会导致肌肉组织受损，而摄取足够的蛋白质可以提供氨基酸用于身体修复和建立新的肌肉组织。建议选择动物性蛋白，如鸡胸肉、鱼、畜瘦肉、蛋类等，或植物性蛋白，如豆类、豆腐、素肉等。有关机构研究表明，在运动后进食每千克体重 0.4 ~ 0.5 克的高质量蛋白质，可以引发最大的急性肌肉合成效应。但如果不能在这个时间范围内摄取建议的量，就不能最大程度增加肌肉合成，从而浪费机会。虽然一天的总蛋白质摄入量是最重要的，但在合理的时间摄入蛋白质可以优化锻炼效果。

练后的餐食还应包含适量的碳水化合物，以恢复体内能量储备和促进蛋白质利用。可以选择如全谷类、蔬菜、水果等补充碳水化合物。每千克体重摄入 1 ～ 1.5 克的碳水化合物是较为科学的推荐量。

锻炼后会流失大量的水分，需要及时补充。建议喝充足的水或者运动饮料。

锻炼后进行适当的放松活动，例如轻度地拉伸、缓慢地散步或深呼吸，可以帮助身体回到正常状态，并促进血液流向消化系统。你可以等待胃口恢复后再进行进食，确保身体更好地消化和吸收所摄入的营养物质。

如果我们进行了 1 个小时的身体锻炼，但是在练前 1 个小时内已经吃过一餐饭，那么可以在运动之后 2 ～ 3 个小时再吃练后餐。

三餐合理分配，建立健康饮食习惯

保持三餐的定时定量，并结合食用适量的健康零食，有助于稳定血糖水平，维持良好的代谢状态。同时，多样化的饮食结构有助于吸收各种营养素，保持身体的平衡和健康。

早餐

早餐应该是一天中最丰盛的一餐，因为经过一夜的睡眠，身体已经消耗了大量的能量，早餐可以及时补充这些能量，使我们保持活力，更好地应对上午的工作。建议早餐摄入包括以下成分。

碳水化合物：如全麦面包、燕麦片或杂粮粥，这些食物能够提供持久的能量。

蛋白质：如鸡蛋、豆腐、奶制品或坚果，可以帮助增强饱腹感并维持肌肉健康。

水果和蔬菜：富含膳食纤维和维生素，有助于补充微量元素。

午餐

午餐应该是一天中的重要能量来源，为工作或学习提供持续能量。合理的午餐应摄入以下营养。

优质蛋白质：如鱼肉、鸡肉、豆类及豆制品，有助于维持肌肉健康。

蔬菜：提供丰富的膳食纤维和维生素。

谷类食物：如米饭、全麦面包或土豆，提供充足的能量。

少量脂肪：如橄榄油或坚果，有助于吸收脂溶性维生素。

晚餐

晚餐应该选择易消化的食物，因为身体的新陈代谢在晚上较为缓慢。合理的晚餐应摄入以下营养。

蛋白质：如鸡肉、鱼肉、豆制品，以帮助维持肌肉健康。

蔬菜：提供膳食纤维和维生素，有助于消化和营养摄取。

少量碳水化合物：如全谷类食物或蔬菜，有助于提供能量和饱腹感，且不会对身体造成负担。

此外，无论哪顿饭，都要注意控制摄入食物的量，吃七八分饱即可，避免过度进食。

三餐在总能量摄入中的占比

一天的三餐在总能量摄入中的占比根据个人的饮食习惯和身体需

求的不同而有所差异，以下是一般建议的占比范围。

早餐：约占总能量摄入的 30%。

早餐应该提供足够的能量和营养，以支撑一天的活动和代谢。因此。

午餐：约占总能量摄入的 40%。

每日的午餐提供了将近一半的能量，可以保持身体在下午时段能够精力充沛。

晚餐：约占总能量摄入的 30%。

晚餐的能量摄入比例比中午小，因为晚上身体的新陈代谢相对较慢，而且过量的晚餐容易导致消化不良和体重增加。

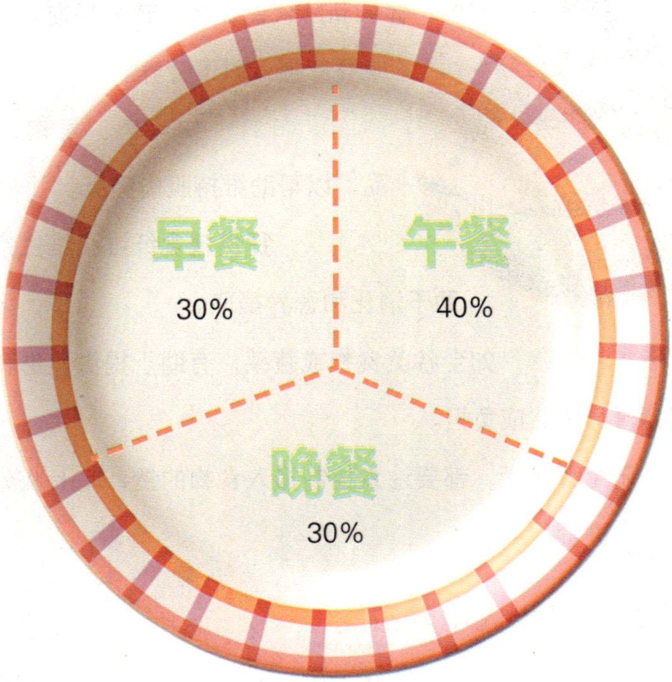

第二章

简便易上手的低热量主食

主食富含碳水化合物，常见的主食有米饭、面条等。减脂增肌期间，主食不应该单独作为一餐的主要成分，而是应该与肉类和蔬菜搭配食用。

虽然山药、紫薯、南瓜、红薯等食物的碳水化合物含量较高，但相对精米、白面等传统食材来说，它们的碳水化合物含量更低。这些食物通常富含膳食纤维素、维生素和矿物质，对健康有益。在选择主食时，可以将山药、紫薯等作为主要食材，以降低总碳水化合物的摄入量。

热量
378千卡

三文鱼的营养成分（以100克可食用部分计）

热量	碳水化合物	蛋白质	脂肪
221千卡	43.2克	9.6克	1.5克

所需材料：

面粉 150 克，热水 95 毫升，熟鸡胸肉 100 克，生菜、苦苣菜、熟玉米粒、番茄丁各 50 克，辣椒粉、五香粉或孜然粉各适量。

★摆盘用的食材不标注在所需材料中。

制作步骤：

1 将 2/3 的面粉用热水烫面，剩下的面粉用凉水和面。将两种面搅拌到一起，揉成光滑的面团，盖上湿纱布，醒发 10 分钟。

2 将生菜、苦苣洗干净，晾干；熟鸡胸肉切成条。

3 将醒好的面团分成同样大的 4 个圆形小面团，并将小面团擀成约 3 毫米厚的饼皮。

4 取不粘锅，无需倒油，将饼皮放入不粘锅中，用中火加热 1 分钟，待饼鼓泡时即可翻面，再加热半分钟，直到两面都有均匀的烙痕即可出锅。

5 将烙好的饼皮放在案板上，依次码上生菜、鸡胸肉条、熟玉米粒、番茄丁和苦苣，再依个人口味撒上辣椒粉、五香粉或孜然粉调味。将饼皮卷起来即可食用。

营养师说：

这道无油烙饼的口感软硬适中，与各种蔬菜、肉类搭配食用，不仅味觉层次丰富，而且可以获得均衡的营养。在制作时，可以将面粉换成全麦面粉或杂粮粉，使营养更加全面。卷饼所卷入的配菜可随意调整，罗马生菜、黄瓜、牛油果、卤牛肉、金枪鱼罐头等均可加入。如果平时比较忙，可将面饼烙五分熟后放冰箱冷冻，用的时候直接入锅加热即可。

墨西哥玉米饼

玉米饼的营养成分（以100克可食用部分计）

热量	碳水化合物	蛋白质	脂肪
86千卡	28克	5.6克	2.4克

所需材料：

玉米面、高筋面粉各 100 克，冰水 50 毫升，牛肉粒 100 克，洋葱粒、熟玉米粒、圣女果粒、柠檬汁、包菜丝各适量，盐、酵母各 2 克，黄油、黑胡椒粉、料酒、食用油各少许。

制作步骤：

1 牛肉粒加入料酒、黑胡椒粉、柠檬汁腌制 10 分钟；锅内放少许黄油，爆香洋葱粒后放入牛肉粒炒至熟。

2 将玉米面和高筋面粉放入一个容器中，并加入盐和酵母。分次加入冰水，把面揉成一个光滑的面团。

3 将面团放入低温冷藏室，发酵至原来的两倍大小。

4 取出面团，将其分成两份，并让它们进行二次发酵。

5 将面团分成多个小份，擀制成薄饼。

6 预热锅并喷入少许油，将薄饼放入热锅中，反复翻烙，直到两面都呈现金黄色。

7 将烙好的饼皮挂在烤架上，放入已经用 180℃预热的烤箱中，再烤制约 5 分钟。

8 将玉米粒、圣女果粒、炒好的牛肉粒、洋葱粒放入饼中卷好即可。

营养师说：

墨西哥玉米饼是一种营养丰富、美味可口的小食。作为主要成分的玉米面富含膳食纤维和 B 族维生素，有助于增加饱腹感、控制血糖水平和促进肠道健康。同时，玉米饼里可以加入猪瘦肉、鱼肉、豆腐，以及各种蔬菜、水果等馅料，以提供丰富的营养成分，包括蛋白质、膳食纤维、维生素和膳食纤维等。这些成分能够满足人体所需，有助于保持身体健康和增强免疫力。

在享用美味的墨西哥玉米饼时，也需要注意控制总体热量的摄入，避免添加过多油脂和高糖的调味料。

金枪鱼三明治

全麦土司的营养成分（以100克可食用部分计）

热量	碳水化合物	蛋白质	脂肪
86千卡	28克	5.6克	2.4克

所需材料：

全麦土司 2 片，金枪鱼罐头、生菜、番茄、盐、胡椒粉各适量。

制作步骤：

1 将罐头中的金枪鱼沥干汤汁，生菜洗净沥干，番茄洗净切片备用。

2 将金枪鱼放入碗中，加入少许盐和胡椒粉，搅拌均匀，制成金枪鱼酱备用。

3 取两片全麦土司，铺上生菜叶和番茄片，再抹上金枪鱼酱，最后盖上另一片吐司，制成三明治。

4 用面包刀将三明治切成四等份，摆盘即可食用。

营养师说：

三明治中，面包提供碳水化合物，肉类、蛋类、奶酪等富含蛋白质，蔬菜提供维生素和膳食纤维，而且，三明治可以根据个人口味放入不同配菜，为人体提供更加全面的营养。

但是，需要注意以下几点：第一，尽量选择全麦或全谷类面包，这样可以增加膳食纤维的摄入，有利于稳定血糖水平，减少能量摄入。第二，一些三明治酱料可能含有较高的脂肪和糖分，因此在减脂期间需要注意控制添加酱料的量。另外，可以选择瘦肉、鸡蛋或其他低脂肪高蛋白的食材作为三明治的蛋白质来源，避免选择高脂肪的肉类或加工肉制品。

在购买金枪鱼罐头时，要仔细查看产品的营养标签，选择脂肪含量低、盐分少的产品。通常来说，罐头上会标注每100克产品的能量和脂肪含量，可以根据这些信息做出选择。优先选择水浸式的金枪鱼罐头，相比于油浸式的金枪鱼罐头，水浸式的脂肪含量更低。

荞麦面

荞麦面（湿）的营养成分（以100克可食用部分计）

热量	碳水化合物	蛋白质	脂肪
150千卡	28.6克	6.3克	1.5克

所需材料：

荞麦面 200 克，鸡蛋 2 个，虾仁 100 克，食用油、盐、胡椒粉、生抽各适量。

制作步骤：

1 将荞麦面放入沸水中煮熟，捞出备用。

2 锅中放少许食用油，加热后放入虾仁翻炒至熟透，加入少许盐和生抽调味。

3 锅中放少许油，待油热后，打入鸡蛋，小火慢煎，根据个人喜好控制煎蛋的熟度。

4 将煮熟的荞麦面装入盘中，再将煎蛋盖在荞麦面上，然后将炒好的虾仁放在盘中，撒上少许胡椒粉即可。

营养师说：

荞麦面相对于普通小麦面热量更低，并且富含膳食纤维，有助于增加饱腹感，减少热量的摄入。荞麦面的碳水化合物 GI 值较低，可以帮助控制血糖和血脂，有助于减肥过程中的血糖管理。同时，荞麦面中含有丰富的优质蛋白质，有助于增加肌肉质量，在减脂期间保持代谢率。

螺丝意大利面的营养成分（以100克可食用部分计）

热量	碳水化合物	蛋白质	脂肪
160千卡	30.9克	5.9克	1.2克

所需材料：

螺丝意大利面 150 克，去核黑橄榄罐头 30 克，圣女果 2 ~ 3 个，生菜适量，橄榄油 10 克，盐、干酪、辣椒粉、大蒜、干燥百里香各适量。

制作步骤：

1 将圣女果洗净切块，大蒜切末备用。

2 锅内加水煮沸，加入盐和螺丝意大利面，根据包装上的指示时间将螺丝意大利面煮至略带嚼劲的状态，然后捞出备用。

3 另取一个平底锅，倒入橄榄油，加热后放入切碎的蒜末和少许干酪，煸炒出香味。

4 加入黑橄榄罐头和圣女果块，继续翻炒至圣女果块略微变软。

5 将煮熟的螺丝意大利面倒入平底锅中，和炒好的食材充分拌匀。

6 加入切丝的生菜，再依口味撒上盐、辣椒粉和干燥百里香，继续翻炒均匀即可。

营养师说：

在减脂期，可以适量食用意大利面。选择全麦意大利面或者豌豆螺丝意大利面等GI值更低的面条种类，以帮助更好地控制血糖和增强饱腹感。

在食用意大利面时，需要注意控制量，还需要避免加入高热量的酱汁，可以选择辣椒粉、黑胡椒粉等调味粉调味，以确保总热量不超标。另外，搭配足够的蔬菜，如生菜丝、番茄和黑橄榄，可以增加饱腹感，同时提供丰富的膳食纤维、维生素等营养。

魔芋面的营养成分（以100克可食用部分计）

热量	碳水化合物	蛋白质	脂肪
17千卡	3.5克	0.7克	0

所需材料：

鲜虾仁 100 克，魔芋面 150 克，海藻 50 克，姜片、大蒜、葱段、芝麻各少许，生抽、白醋、芝麻油、盐各适量。

制作步骤：

1 将魔芋面用清水泡软，锅中注入水烧开，放入魔芋面焯烫熟后，捞出备用。

2 将大蒜去皮、切块，放入压蒜器内压成蒜蓉，放入碗里，加入少许白醋、生抽、芝麻油及盐，调成料汁。

3 将海藻用清水浸泡，浸泡过程中多换几次水，以去除表面的盐分。

4 锅中注入水，水开后放入海藻焯烫大约 1 分钟，捞出，过冷水，加入步骤 2 调好的料汁拌匀，撒少许芝麻点缀。

5 锅中加水烧开，放入适量盐、姜片和葱段，将虾仁放入沸水中，用铲子轻轻推动，煮至虾仁变色、熟透，即可捞出。可将捞出的虾仁放入冰水中浸泡片刻，使其更加爽脆。

6 将魔芋面、凉拌海藻和煮熟的虾仁进行摆盘，再淋少许生抽调味即可。

营养师说：

虾仁可以补充蛋白质，且没有过多的热量。海藻营养价值很高，含有蛋白质、碳水化合物、膳食纤维、维生素和矿物质。魔芋面具有降脂降糖、润肠通便、增强免疫力、排毒养颜等功效。三者搭配，不仅热量低，而且营养健康。

虾的营养成分（以100克可食用部分计）

热量	碳水化合物	蛋白质	脂肪
93千卡	2.8克	18.6克	0.8克

所需材料：

虾仁 100 克，彩椒半个，豆芽、紫米各 50 克，葱、姜、蒜各适量，盐、生抽、食用油各少许。

制作步骤：

1 将紫米淘洗干净，加水煮熟备用。

2 将彩椒洗净，切块；豆芽洗净，去根；葱洗净，切成葱花；姜洗净，切成片；大蒜去皮，切片备用。

3 锅内放少量油，爆香葱花、姜片、蒜片，然后放入虾仁翻炒至变色，将炒好的虾仁盛出。

4 锅内喷入少量油，放入切好的彩椒块和豆芽，翻炒至蔬菜稍微变软。

5 把虾仁、紫米饭放入锅中一起翻炒，加入适量盐和生抽调味即可。

营养师说：

传统的炒饭主料是米饭、鸡蛋、油及各种调味料，这种炒饭虽然好吃，但是热量很高，而且营养也较为单一。在炒饭中加入彩椒、豆芽和虾仁等食材，能够增加炒饭的口感和营养价值。

双色藜麦饭

双色藜麦的营养成分（以100克可食用部分计）

热量	碳水化合物	蛋白质	脂肪
93千卡	2.8克	18.6克	0.8克

所需材料：

白藜麦 100 克，红藜麦 100 克，水适量。

制作步骤：

1 将白藜麦和红藜麦混合并洗净，浸泡 30 分钟，沥干水分备用。

2 将双色藜麦放入锅中，加入适量清水，大火煮开后转小火煮熟，要不时搅拌防止粘锅，煮熟后即可盛出食用。

营养师说：

藜麦富含蛋白质、膳食纤维、维生素和矿物质等，热量较低。藜麦中的蛋白质含量在 10% 以上，而且含有人体必需的 9 种氨基酸，这使得它成了一种非常优质的蛋白质来源。另外，藜麦不含麸质，因此适合麸质过敏的人群食用。藜麦也可以用来熬粥、做饭团。

紫薯山药糕

紫薯的营养成分（以100克可食用部分计）

热量	碳水化合物	蛋白质	脂肪
123千卡	31.7克	1.2克	0.3克

所需材料：

紫薯 200 克，铁棍山药 200 克，植物油适量。

制作步骤：

1 紫薯和铁棍山药分别洗净并削皮，切成小块。

2 将紫薯块和铁棍山药块放入蒸锅中，蒸至软烂。

3 把蒸好的紫薯块和铁棍山药块分别放入大碗中，用勺子或者刮板将其捣成泥状。

4 将紫薯泥和铁棍山药泥分别搓成 15 克大小的圆球（具体根据模具的大小而定）。

5 取一个模具，薄薄地涂抹一层植物油，依次放入紫薯球和铁棍山药球，轻轻按压并脱模成形，即可食用。

6 可依据个人口味淋上少许蜂蜜和干桂花。

营养师说：

紫薯和山药都是根茎类蔬菜，它们富含膳食纤维。在减脂期间，将精制米、白面替换成紫薯和山药是一个不错的选择，因为它们相对更富含营养，并且提供了更多的膳食纤维。

紫薯自带香甜的口感，因此这道糕点不需要另外加糖。糖的热量较高，每克糖可提供 4 千卡的热量，而且糖的消化吸收速度较快，在减脂期间，应尽量减少糖的摄入。

牛奶土豆泥

土豆泥的营养成分（以100克可食用部分计）

热量	碳水化合物	蛋白质	脂肪
113千卡	17.6克	2.2克	4.1克

所需材料：

土豆 500 克，牛奶适量，盐、黑胡椒粉各适量。

制作步骤：

1. 将土豆去皮，切成小块。

2. 把土豆放入盘中，再放入蒸锅。大火煮沸后转小火，继续蒸 10 ~ 15 分钟，用筷子可以轻松戳透土豆即可取出。

3. 将土豆块放入碗中，用勺子将土豆块捣成泥状。

4. 在碗中加入牛奶，边加边进行搅拌，直到土豆泥变得光滑细腻。

5. 可根据个人口味加入盐和黑胡椒粉调味。

营养师说：

土豆泥是一种常见的食品，其富含淀粉、膳食纤维和多种微量元素，具有较高的营养价值。土豆富含钾元素，一般来说，每 100 克土豆中就含有 400 ~ 600 毫克的钾，对改善身体浮肿很有帮助。

土豆泥的热量相对较低，脂肪含量也较少，适合在减肥期间食用。此外，土豆泥中的淀粉消化较慢，可以保持长时间的饱腹感，有助于控制摄入食物的总量和控制体重。

烤红薯配牛油果和芝麻菜

红薯的营养成分（以100克可食用部分计）

热量	碳水化合物	蛋白质	脂肪
99千卡	24.7克	1.1克	0.2克

所需材料：

红薯 1 个，牛油果 1 个，芝麻菜少许，盐和胡椒粉各适量。

制作步骤：

1 烤箱调至 200℃预热。

2 将红薯洗净，在表面划一刀，以便烤制时更加入味。

3 将红薯放入预热好的烤箱中，烤制 40 ~ 45 分钟，或烤到红薯变软且内部熟透。

4 在等待红薯烤制的过程中，可以制作牛油果泥。将牛油果剖开，去除果核，将果肉取出并捣成泥备用。

5 将芝麻菜洗净，可以根据个人口味将其切碎或保持完整的叶子。

6 红薯烤熟后，取出并稍微冷却一会儿。

7 在红薯的切口处加入牛油果泥。

8 撒上盐、胡椒粉，轻轻拌匀，再撒上芝麻菜即可。

营养师说：

烤红薯含有丰富的膳食纤维，牛油果提供了健康的脂肪和维生素，而芝麻菜则增添了清爽的口感和多种维生素。这种烤红薯配牛油果和芝麻菜的搭配，不仅丰富了口感和营养，而且提供了多种健康的维生素和膳食纤维，特别适合作为练后餐食用。但是需要注意的是，牛油果是高热量密度的食物，摄入时需要控制食用量，以免增加过多的热量摄入。

南瓜馒头

南瓜馒头的营养成分（以100克可食用部分计）

热量	碳水化合物	蛋白质	脂肪
220千卡	14.5克	9.2克	1.5克

所需材料：

面粉 300 克，南瓜 150 克，白糖 20 克，酵母 3 克，温水 150 毫升。

制作步骤：

1. 将南瓜切成小块，蒸熟后压成南瓜泥备用。
2. 酵母放入温水中搅拌均匀，静置 10 分钟左右，等待酵母活化。

3 将面粉、南瓜泥、白糖和酵母水混合在一起，揉成面团。注意加水的量，由于南瓜本身含有水分，所以建议先加少量水，逐渐增加，揉至面团柔软有弹性。

4 将揉好的面团放入面盆中，盖上湿布，放置在温暖的地方进行发酵。

5 待面团发至原来的两倍大小后，取出发酵好的面团，揉成长条状，并分割成大小相近的小面团。

6 将小面团搓圆，呈馒头形状。

7 将成形的馒头放在面盆中，覆盖湿布，进行二次发酵，待馒头变得蓬松即可。

8 在锅中加入适量水，将蒸篮放入锅中。

9 等水沸腾后，把发好的馒头放入蒸篮中，盖上盖子，用大火蒸 10 ~ 15 分钟即可。

10 将蒸好的馒头取出，放凉后即可食用。

营养师说：

南瓜本身含有一定的糖分，如果再加上过多的糖，就容易导致热量过高。因此，在制作南瓜馒头时，建议使用少量的糖或者不加糖。以南瓜馒头为主食，搭配蔬菜、肉类食用，可以使营养摄入更全面。

韭菜鸡蛋蒸饺

韭菜鸡蛋饺子的营养成分（以100克可食用部分计）

热量	碳水化合物	蛋白质	脂肪
178千卡	26.8克	6.2克	4.7克

所需材料：

面粉 300 克，韭菜 200 克，鸡蛋 3 个，虾皮少许，盐、食用油各适量。

制作步骤：

1 将韭菜洗净并控干水分，切成末，加入一勺食用油拌匀备用。

2 将鸡蛋打入碗中并搅散，加适量盐拌匀调味。

3 锅中放入适量食用油，待烧至六成热，倒入鸡蛋液炒熟并切成碎末。转小火，放入虾皮与鸡蛋碎一同煸炒出香味。

4 将炒好的鸡蛋虾皮碎盛出，与备好的韭菜混合，制成馅料。

5 将面粉加入适量水搅拌，揉匀后醒面 15 ~ 20 分钟，切成若干个剂子，把剂子擀成饺子皮备用。

6 取适量馅料放在饺子皮中间，包成饺子的形状。

7 将包好的饺子放在蒸屉上，锅中注水，开大火蒸 10 ~ 12 分钟即可。

营养师说：

饺子可以包入不同的馅料，营养全面，非常适合在减脂期食用。馅料建议选择低脂肉类，或者使用素食馅料，如豆腐、香菇等，以减少脂肪摄入。可以选择蒸或煮的烹饪方式，避免煎、炸等烹饪方式。

黄馍馍的营养成分（以100克可食用部分计）

热量	碳水化合物	蛋白质	脂肪
221千卡	41.3克	6.3克	3.1克

所需材料：

糜子面 250 克，面粉 100 克，黍子面 50 克，红豆沙馅 100 克，温水适量，干酵母粉 3 克。

制作步骤：

1 将糜子面、黍子面、面粉全部倒入一个大碗中，干酵母粉加入 50 毫升温水中化开备用。

2 面粉混合均匀后倒入酵母水，先加入约 200 毫升温水，然后边加水边搅拌，直到面团成形。

3 继续揉搓面团，使其更加光滑均匀。

4 将面团放入碗中，盖上湿布或保鲜膜，静置醒发 30 分钟至 1 小时。

5 取出面团，在案板上多揉搓几次，排出气泡。

6 将面团分割成若干个，每个约 70 克的剂子，再用擀面杖擀成圆形薄片。

7 取擀好的面片，包入约 20 克的红豆沙馅料，捏拢饼皮包成馍馍。

8 将做好的馍馍放入蒸锅，用大火蒸 25 分钟即可，晾凉后食用口感更佳。

营养师说：

黄馍馍是一种以糜子面为主要原料的陕西特色面食，含有丰富的膳食纤维和多种微量元素，同时，相比于其他高热量、高脂肪的面食，黄馍馍非常适合在减脂期间食用。

但是如果食用过量的黄馍馍，同样会导致热量摄入过多。建议依据自身能量消耗来定量，每次食用 1 ~ 2 个即可。另外，需要将黄馍馍搭配肉类与蔬菜食用，既可以增强饱腹感，又可以获取更全面的营养。

黏豆包

黏豆包的营养成分（以100克可食用部分计）

热量	碳水化合物	蛋白质	脂肪
227千卡	47.8克	5.7克	1.1克

所需材料：

红豆、芸豆、黑豆、绿豆、红枣、新鲜栗子仁、熟玉米粒、核桃仁各适量，零卡糖30克，糯米粉、面粉各适量。

制作步骤：

1 将红豆、芸豆、黑豆、绿豆洗净并浸泡一晚，加入适量水并放入电饭锅中煮熟。

2 将红枣去核，切成细小的碎块；核桃仁、新鲜栗子仁切成丁。

3 将煮熟的豆类晾凉，再与玉米粒、红枣碎、核桃仁丁、栗子仁丁混合，一点一点拌入糯米粉、面粉及零卡糖，直到所有食材能揉成较紧实的面团，然后切成若干个，每个为100克左右的黏豆包团子。

4 将黏豆包团子表面裹一层糯米粉，放入蒸锅中，用大火蒸约25分钟，至所有食材熟烂即可。

营养师说：

制作黏豆包所使用的杂粮比例和种类会因地域、风味等因素而有所不同，如小麦、玉米、黄米、黑米、红豆、绿豆、花生等都可以进行搭配。这些杂粮中含有丰富的膳食纤维和多种微量元素，如钾、镁、锌、硒等，对人体健康十分有益，还可以增强饱腹感，减缓升糖速度，有利于控制血糖和体重。同时，由于黏豆包中的碳水化合物含量较为丰富，可以作为主食来替代部分精米和白面食用。

第三章

补足优质蛋白，吃出紧致线条

热量
88千卡

如果以减脂增肌为目的，那么从饮食中摄入足量的蛋白质是非常有必要的。对一个健康的成年人来说，每天每千克体重需要摄入 0.8 ~ 1.2 克的蛋白质。我们可以在饮食上选择食用富含高质量蛋白质的食物，例如鸡胸肉、鱼类、豆类、蛋类、畜瘦肉等。同时，还应将蛋白质分配到每一餐中，以保持血糖水平的稳定，并帮助肌肉维持稳定的修复和生长状态。

芦笋土豆烤三文鱼排

三文鱼的营养成分（以100克可食用部分计）

热量	碳水化合物	蛋白质	脂肪
139千卡	0克	17.2克	7.8克

所需材料：

三文鱼排 200 克，芦笋、土豆各适量，橄榄油、盐、胡椒粉各适量。

制作步骤：

1 将芦笋洗净，去掉较硬的茎部部分；土豆去皮，切成小块。

2 将烤箱调至 200℃预热。

3 在烤盘上铺上锡纸，放上土豆块，喷少许橄榄油，撒适量盐和胡椒粉，用烤箱以 200℃烤制 20 分钟左右（可根据自己烤箱的状态调节温度和时间），直到土豆变软。

4 将三文鱼排放在烤盘上，撒上盐和胡椒粉，再滴上少许橄榄油，然后与芦笋一同放入烤箱中，以相同的温度继续烤制 10 ~ 15 分钟，直到鱼肉变熟。

5 将烤好的三文鱼排、土豆块和芦笋摆盘。根据自己的口味，可以淋上一些柠檬汁或者其他调味酱汁。

营养师说：

三文鱼的热量相对较低，其含有丰富的优质蛋白质，有助于维持身体的肌肉质量。三文鱼富含的 ω-3 脂肪酸是人体无法自行合成的必需脂肪酸，它可以帮助人体调节血脂和降低炎症反应，从而减少心血管疾病等慢性病发生的风险。芦笋和土豆富含膳食纤维、维生素和矿物质，适合搭配三文鱼一起食用。

烤鲷鱼排

鲷鱼的营养成分（以100克可食用部分计）

热量	碳水化合物	蛋白质	脂肪
106千卡	2.7克	17.9克	2.6克

所需材料：

鲷鱼排 100 克，柠檬 2 片，新鲜迷迭香、橄榄油、盐和胡椒粉各适量。

制作步骤：

1 烤箱调至 200℃预热。

2 用厨房纸巾吸干鲷鱼排表面的水分，在鲷鱼排上均匀地涂抹橄榄油。把鲷鱼排放在柠檬片上去腥，再撒上盐和胡椒粉腌制入味。

3 将新鲜的迷迭香叶撕碎或者切碎，然后均匀地撒在鱼肉表面。

4 将处理好的鲷鱼排放在烤盘上，放入预热好的烤箱中，烤制 10 ~ 15 分钟，或者直到鱼肉变熟，表面呈金黄色即可食用。可以在鱼肉周围再放置一些完整的迷迭香枝，以增加香气。

营养师说：

鲷鱼是一种低热量、低脂肪的食物，每 100 克鲷鱼只有 106 千卡的热量，同时，鲷鱼的蛋白质含量非常高，适合在减脂增肌期食用。多吃鲷鱼不但可以保持较低的热量摄入，同时还能摄取足量的蛋白质。鲷鱼排也含有多种营养素，包括维生素 D、维生素 B_{12}、硒、镁和磷。这些营养素对维持身体的正常功能至关重要。

烤鳕鱼排

鳕鱼的营养成分（以100克可食用部分计）

热量	碳水化合物	蛋白质	脂肪
88千卡	0.5克	20.4克	0.5克

所需材料：

鳕鱼排 100 克，柠檬 2 片，小金橘 1 个，蟹味菇 20 克，橄榄油、盐和胡椒粉各适量。

制作步骤：

1 烤箱调至200℃预热。

2 用厨房纸巾吸干鳕鱼排表面的水分，在鳕鱼排两侧均匀地涂抹橄榄油，再把鳕鱼排放在柠檬片上去腥，然后撒上适量的盐和胡椒粉，使其腌制入味。

3 将处理好的鳕鱼排放在烤盘上，放入预热好的烤箱中，烤制10～12分钟，或者直到鱼肉变熟，表面呈金黄色。蟹味菇洗净，焯熟。

4 将烤好的鳕鱼排装盘，摆上蟹味菇即可食用。也可以在鳕鱼表面再挤上些小金橘汁，这样既可以增加酸酸的口感，又可以提升食欲。

营养师说：

鳕鱼是一种低脂肪、高蛋白质的食物。每100克鳕鱼中仅含有0.5克左右的脂肪，这对于处在减脂期的人来说是非常理想的食物，因为可以在保持较低热量摄入的同时，摄取足够的蛋白质和其他营养素。

鳕鱼富含优质蛋白质，对于减脂期间肌肉的保持和修复非常重要。蛋白质是身体的重要组成部分，摄入足够的蛋白质，不但可以减少肌肉的损失，还能促进脂肪的燃烧。

鳕鱼含有多种营养素，包括维生素D、维生素B_{12}、硒、镁和磷。这些营养素不仅对身体的正常功能至关重要，还能提供能量和加速新陈代谢。

清蒸鲈鱼

鲈鱼的营养价值（以100克可食用部分计）

热量	碳水化合物	蛋白质	脂肪
105千卡	0克	18.6克	3.4克

所需材料：

鲈鱼 1 条（约 500 克），红甜椒半个，姜、大葱、料酒、盐、蒸鱼豉油、食用油各适量。

制作步骤：

1 将鲈鱼洗净，去鳞，去内脏，用刀在鱼身两面各划几刀，以便入味。把姜、大葱、红甜椒切成丝备用。

2 将鲈鱼放入盘中，撒上盐和料酒，用手轻轻搓揉鲈鱼表面，使其均匀入味，再将切好的姜丝和葱丝放在鲈鱼的表面和鲈鱼体内。

3 将蒸锅装水，加热至水开。将腌制好的鲈鱼放入鱼盘，再淋上少许蒸鱼豉油。把鱼盘放入蒸锅中，蒸 8 ~ 10 分钟（时间根据鱼的大小而定），直到鱼肉变白、熟透。

4 鱼身撒上红甜椒丝，将少许食用油烧热后，淋在蒸好的鲈鱼表面即可。

营养师说：

鲈鱼含有丰富的优质蛋白质、维生素、钙、锌等营养物质，属于高蛋白质、低脂肪含量的食物，非常适合处在减脂期和增肌期的人食用。

清蒸的烹饪方法可以最大程度保留食材的营养物质，并且相对于其他烹饪方法来说，不需要添加大量的盐、油等调味料，减少了钠和油脂的摄入。

低热量水煮鱼片

黑鱼片的营养成分（以100克可食用部分计）

热量	碳水化合物	蛋白质	脂肪
104千卡	5.1克	10.6克	4.5克

所需材料：

黑鱼片 150 克，娃娃菜 200 克，食用油 5 克，青、红椒及花椒、姜片、大蒜各适量，料酒、盐、蒸鱼豉油、香醋各适量。

制作步骤：

1 将娃娃菜掰成片，洗净；大蒜切片；青、红椒切成椒圈；黑鱼片用少许盐和料酒腌制片刻后，控干水分备用。

2 锅中注水烧开，撒入少许盐，放入娃娃菜叶焯熟，将熟的娃娃菜铺在碗底。

3 将黑鱼片一片片地放入沸水中，待鱼片熟透后捞出，铺在娃娃菜上。

4 在盛有娃娃菜和鱼片的碗中加入适量蒸鱼豉油、盐和香醋，再放上青、红椒圈。

5 热锅烧油，放入蒜片、姜片和花椒爆香，取漏勺滤掉蒜片、姜片和花椒，将热油淋在鱼片上，然后再浇上适量煮鱼的汤汁即可食用。

营养师说：

在减脂期间，多吃黑鱼片是一个不错的选择，因为它富含优质蛋白质和不饱和脂肪酸，有助于维持身体的正常功能。

我们可以通过控制油的使用量来降低整道水煮鱼片的热量和脂肪含量。我们在做这道菜时，除了娃娃菜以外，还可以搭配黄瓜、豆芽等蔬菜，以增加食物的膳食纤维含量，使营养摄入更均衡。

豆皮鱼肉卷

草鱼肉的营养成分（以100克可食用部分计）

热量	碳水化合物	蛋白质	脂肪
113千卡	0克	16.6克	5.2克

所需材料：

草鱼1000克，淀粉20克，豆腐皮4张，葱丝、姜丝、盐、白胡椒粉、味精、食用油各适量。

制作步骤：

1 将草鱼洗净，取鱼背部和腹部无刺部分的鱼肉；葱丝、姜丝放入碗中，加入适量水泡一会儿，制成葱姜水。

2 将鱼肉剁成泥状，加入适量的葱姜水，再加入淀粉、盐、味精和白胡椒粉，搅拌上劲。

3 取一张豆腐皮放在案板上，将草鱼肉泥均匀地涂抹在豆皮上。

4 从豆腐皮的一侧开始，将豆腐皮慢慢卷起来，封口处可以用少量水湿润后压紧，以防止散开。

5 将卷好草鱼肉的豆腐皮放入蒸锅，蒸10～15分钟，直到鱼肉熟透。

6 取出豆腐皮鱼肉卷，切段后即可食用。

营养师说：

这道豆腐皮鱼肉卷里的草鱼肉可以换成其他鱼肉，如黑鱼、鲈鱼等，也可以换成猪瘦肉、鸡胸肉。草鱼肉富含高质量的蛋白质，有助于肌肉的修复和生长，而豆皮则是低脂肪的食物来源，这道菜所含的营养素对增肌期间的肌肉生长非常重要。也可以根据个人喜好和营养需求，在豆皮鱼肉卷中添加各种蔬菜，如胡萝卜、黄瓜等，以增加膳食纤维和其他营养物质的摄入。

牛肉（前腱）的营养成分（以100克可食用部分计）

热量	碳水化合物	蛋白质	脂肪
113千卡	5.1克	20.3克	1.3克

五香卤牛肉

所需材料：

牛腱子肉500克，盐30克，花椒5克，生抽20毫升，零卡糖35克，香料包（小茴香10克，桂皮4克，八角4克，花椒4克，丁香0.5克，草果2克，高良姜2克，甘草2克，罗汉果6克）1包，高度白酒20毫升，大葱、姜、芝麻各适量。

制作步骤：

1 将牛腱子肉撒上盐并揉搓，使其入味，再加入花椒，淋高度白酒，覆盖保鲜膜腌制5个小时。

2 锅中注水烧开，放入腌好的牛肉，焯水5分钟，捞出备用。

3 将香料包放入温水浸泡3分钟；大葱切段；姜洗净，去皮切片备用。

4 取一口煮锅，注入适量清水，放入葱段、姜片及香料包，再加入生抽和零卡糖。

5 将焯好水的牛肉放入煮锅内，煮约40分钟，至筷子能扎入的程度即可关火，盖上盖子闷3小时，放入冰箱冷藏过夜，口感更佳。

6 将卤制好的牛肉切片，撒少许芝麻即可食用。

营养师说：

牛肉含有丰富的蛋白质，而且热量较低，减脂期非常适合吃卤牛肉。这道五香卤牛肉主要用天然的香料来提鲜增香，相较于用酱料制作的方法来说，热量更低。

蔬菜牛肉沙拉

牛里脊的营养成分（以100克可食用部分计）

热量	碳水化合物	蛋白质	脂肪
107千卡	2.4克	22.2克	0.9克

所需材料：

牛里脊 150 克，生菜、芝麻菜、圣女果、洋葱、黄瓜、红甜椒各 50 克，柠檬半个，橄榄油、生抽、蜂蜜、黑胡椒粉、料酒、淀粉、盐各适量。

制作步骤：

1 取新鲜牛里脊肉，逆着纹路切成薄片，用清水浸泡 2 分钟后捞出洗净。

2 牛里脊肉片放入碗中，加入生抽、料酒、黑胡椒粉、盐、淀粉拌匀，腌制 20 分钟备用。

3 锅中注入水，烧至微微沸腾后，下入腌好的牛肉片，焯烫至变色后捞出。

4 将生菜和芝麻菜洗净，沥干水分；圣女果洗净切块；洋葱去皮切丝；黄瓜切块；红甜椒切丝。

5 取小碗，加入 3 勺生抽、1/3 勺蜂蜜、少许黑胡椒粉，取柠檬并挤出柠檬汁，再放入半勺橄榄油，调制成低脂版的沙拉汁。

6 将烫好的牛里脊肉片与生菜、芝麻菜、圣女果块、洋葱丝、黄瓜块、红甜椒丝放入一个大碗中，倒入准备好的料汁，拌匀即可食用。

营养师说：

在这道菜的制作过程中，把牛肉用煮的方式替代煎的方式，用自制调料汁替代传统的沙拉酱，都会使这道菜的热量更低。步骤 5 的低脂版沙拉汁，可以用来拌各种沙拉。

牛肋条的营养成分（以100克可食用部分计）

热量	碳水化合物	蛋白质	脂肪
123千卡	3克	18.6克	5.4克

所需材料：

牛肋条300克，彩椒200克，番茄200克，洋葱150克，葱花、大蒜、生姜、盐、黑胡椒粉、辣椒粉各适量。

制作步骤：

1 将彩椒、洋葱、番茄洗净，切丁；大蒜、生姜去皮切片。

2 将牛肋条的油脂部分切下来，瘦肉部分切成3立方厘米大小的块状。

3 锅烧热，放入切下的油脂部分进行煸炒，锅中留油，捞出油渣。

4 将牛肉块下锅，两面煎至微焦。

5 锅中放入洋葱丁、蒜片、姜片炒出香味，再放入彩椒丁和盐、黑胡椒粉、辣椒粉翻炒均匀。

6 把番茄块放入锅中，略炒后，锅中加入适量热水，加盖，慢炖1个小时左右，至牛肉块软烂入味，撒上葱花后即可关火食用。

营养师说：

番茄彩椒炖牛肉富含维生素、抗氧化物质和蛋白质等营养成分，对减脂增肌有一定的帮助。其含有的维生素C和胡萝卜素等不但有助于促进健康、提高免疫力，还具有抗氧化和抗炎的作用。

将肥肉部分单独切出来，熬出油脂进行烹饪，这样可以利用肥肉中的油脂来代替食用油，减少额外的热量摄入。

羊肉焖饭

羊肉（瘦）的营养成分（以100克可食用部分计）

热量	碳水化合物	蛋白质	脂肪
118千卡	0.2克	20.5克	3.9克

所需材料：

大米 100 克，羊肉 100 克，胡萝卜 100 克，干辣椒、盐、食用油各适量。

制作步骤：

1 将大米淘洗干净，放入电饭锅中。

2 将胡萝卜洗净、切条备用。

3 将羊肉切块，用厨房用纸吸去表面水分。

4 锅中喷油，放入羊肉块翻炒，炒至表面微焦后，放入干辣椒、胡萝卜条，撒少许盐，煸炒大约 2 分钟。

5 将煸炒好的羊肉块和胡萝卜条一同放入电饭锅，加适量水，按“煮饭”键进行焖煮。

6 米饭焖好后，即可食用。也可依照个人口味，在锅中撒入少许葱花拌匀食用。

营养师说：

羊肉的瘦肉部分热量低且蛋白质含量高。羊肉可以搭配胡萝卜、洋葱、青豆等做成焖饭，不仅做法简单，而且营养又美味。

香菇猪肉丸子汤

猪瘦肉的营养成分（以100克可食用部分计）

热量	碳水化合物	蛋白质	脂肪
143千卡	1.5克	20.3克	6.2克

所需材料：

猪瘦肉 150 克，干香菇 2 朵，荸荠 2 个，鸡蛋 1 个，土豆 1 个，紫菜少许，葱、姜适量，盐、生抽、料酒、食用油各少许。

制作步骤：

1 将干香菇泡发，洗净去蒂，切成香菇碎；土豆去皮，切成条；荸荠去皮剁碎；将葱洗净，切成葱花；姜切丝，放入适量水中浸泡备用。

2 将猪瘦肉剁成肉糜放入碗里，在碗里加入盐、生抽、食用油、料酒、葱花、生姜水搅拌均匀，使肉糜入味。

3 将香菇碎和荸荠碎加入肉糜中，打入一个鸡蛋清，搅拌均匀，至肉糜变得黏稠。

4 取适量肉糜放在手心，搓成肉丸。

5 在锅中注入适量水烧至90℃左右关火，下入肉丸，待肉丸煮至定型，再将火调大，煮至肉丸浮起，待肉丸熟透，撒少许葱花、紫菜点缀。

6 将煮熟的土豆条铺在碗底，浇上丸子汤即可食用。

营养师说：

猪肉的瘦肉部分与肥肉部分营养价值相差很大。

100克猪瘦肉部分蛋白质含量为20.3克，脂肪含量为6.2克，还含有一些必需的微量元素，如铁和锌等。这些营养素对维持肌肉质量和促进新陈代谢非常重要。

猪肥肉则只含很少量的蛋白质，主要成分为脂肪，每100克肥肉含88.6克脂肪，且热量较高，100克肥肉的热量约为807千卡。

如果按照传统做肉丸子的方法，猪肉选用“三肥七瘦”的比例，就会不利于减脂期热量的控制。在这道低热量版香菇猪肉丸汤的做法中，采用的是纯猪瘦肉，又加入了荸荠、蛋清，使猪瘦肉糜做成的丸子具有爽滑的口感。荸荠的加入不仅可以增添食物口感，还有助于肉丸子更加紧实。

低热量版糖醋里脊

猪里脊的营养成分（以100克可食用部分计）

热量	碳水化合物	蛋白质	脂肪
155千卡	0.7克	20.2克	7.9克

所需材料：

猪里脊肉 200 克，全麦面包 1 片，鸡蛋 1 个，无糖番茄酱 20 克，零卡糖 10 克，白醋、生抽、料酒、盐、芝麻各适量。

制作步骤：

1 将猪里脊肉切成条，倒入少许料酒和盐腌制 10 分钟去腥。

2 把全麦土司用绞肉机绞打成细细的面包碎。

3 将鸡蛋打入碗中，搅拌成蛋液。

4 将腌好的肉条裹上一层蛋液，再裹上一层面包碎，均匀地铺在空气炸锅的烤盘里。以 180℃烤约 10 分钟，至肉条完全熟透即可。

5 取一个小碗，加入无糖番茄酱、零卡糖、白醋、生抽和适量温水调成料汁。

6 将料汁倒入不粘锅中，煮至冒泡后加入炸好的猪里脊肉条，等肉条均匀地裹上酱汁后关火，再撒上少许芝麻即可食用。

营养师说：

这道糖醋里脊没有使用油，也没有加很多糖，热量相对较低，同时，用无糖番茄酱和零卡糖调味，使这道菜有着酸酸甜甜的口感，健康又美味。猪里脊肉含有丰富的蛋白质，对减脂增肌非常有利。

猪小排的营成分（以100克可食用部分计）

热量	碳水化合物	蛋白质	脂肪
295千卡	0.7克	16.8克	25.3克

所需材料：

猪排骨 300 克，土豆 200 克，青椒、香菇、姜片、蒜瓣各少许，食用油、盐、生抽、八角、料酒各适量。

制作步骤：

1 猪排骨洗净，斩成小块。锅中加水煮沸，将猪排骨放入锅中焯好后捞出，用清水冲洗干净备用。

2 土豆去皮，切块备用。

3 热锅凉油，倒入姜片和蒜瓣煸炒出香味，加入猪排骨翻炒至表面变色，淋入适量的料酒，翻炒均匀。

4 倒入适量的清水，再加入香菇、八角和盐，大火烧开后转小火炖煮约 20 分钟，待猪排骨煮至 7 分熟时，加入土豆块继续炖煮至土豆熟烂。

5 把青椒切成丝，放入锅中，再加入生抽，继续炖煮 10 分钟左右即可出锅。

营养师说：

排骨是大家比较喜欢食用的食材。在选购排骨时，可以选择肥肉少的那部分，比如猪后排，后排部位瘦肉较多，脂肪较少，肉质也更紧实一些，吃起来会比较有嚼劲。这道菜品中有土豆，所以主食可以适当减少食用。

金钱肚的营养成分（以100克可食用部分计）

热量	碳水化合物	蛋白质	脂肪
72千卡	0克	14.5克	1.6克

所需材料：

牛肚 100 克，姜片、葱段各 20 克，卤料包（含香叶、八角、桂皮、花椒、小茴香、甘草片、草果），料酒、生抽、盐、糖、面粉各适量。

制作步骤：

1 将牛肚切成5厘米×10厘米的大块，放入水中，加适量面粉揉搓洗净。

2 将洗好的牛肚冷水下锅，在水中加入姜片、葱段和料酒，以去腥提味。

3 待水开后捞出牛肚，剔除掉表面多余的脂肪，用清水冲洗干净备用。

4 另起一锅加适量水，放入牛肚、卤料包，再加生抽、盐、糖，大火烧开后转小火继续炖煮15～20分钟。

5 炖煮至汤汁浓稠，牛肚软烂入味即可关火。

6 将卤牛肚盛出，切成条装盘即可。

营养师说：

牛肚是一种低脂高蛋白的食材，对减脂增肌有益。另外，牛肚还有补益脾胃、补气养血的功效。

因为牛肚纹理特殊，吸油性较强，在减脂期间，如果涮牛油火锅时食用牛肚，可能会增加油脂的摄入量，不利于减脂目标的达成。采用卤制牛肚的方法，可以有效避免摄入过多的油脂，同时也可以保持牛肚的口感和营养。

凉拌猪肝

猪肝的营养成分（以100克可食用部分计）

热量	碳水化合物	蛋白质	脂肪
126千卡	1.8克	19.2克	4.7克

所需材料：

猪肝 100 克，大葱、生姜、蒜、生抽、醋、白糖、盐、芝麻油各适量。

制作步骤：

1 将猪肝洗净，切成片备用；大葱、生姜、蒜分别切成末备用。

2 再切 2 片生姜。将切好的猪肝片焯水，以去除猪肝的腥味和血水。焯水时可以加入盐和生姜片，焯水时间约为 1 分钟。

3 捞出焯好水的猪肝片，用流动的清水冲洗干净，然后将猪肝片沥干备用。

4 取一个碗，将生抽、醋、白糖、葱末、姜末、蒜末、盐和芝麻油放入碗中，调成料汁。

5 将沥干水分的猪肝放入调料碗中，用筷子轻轻拌匀，让每块猪肝都能均匀地裹上调料。

6 凉拌猪肝需要腌制一段时间才能入味，建议将调好的猪肝放入冰箱冷藏 1 ~ 2 个小时。

7 取出冷藏好的凉拌猪肝，撒上葱末，装盘即可。

营养师说：

猪肝是一种营养丰富的食材，含有蛋白质、维生素 A、B 族维生素和矿物质等，这些营养成分对身体十分有益。在食用时要注意，一次不要吃太多。另外，还应选择健康的烹饪方式，如凉拌、清蒸或煮汤等，避免使用过多的油脂进行炒制，以免摄入过多的热量和脂肪。

白果猪肚煲

猪肚的营养价值表（以100克可食用部分计）

热量	碳水化合物	蛋白质	脂肪
110千卡	0.7克	15.2克	5.1克

所需材料：

猪肚 150 克，白果 30 克，姜片 10 克，芹菜、胡萝卜、腐竹各少许，料酒、盐、胡椒粉各适量。

制作步骤：

1 将猪肚剔除表面残留的黄色脂肪块，用面粉揉搓后清洗干净。

2 将洗好的猪肚冷水下锅，放几片姜片、料酒，焯水以去除血水和异味。

3 把焯好水的猪肚切成粗条放入锅中，锅中加适量开水，煮至沸腾后，将猪肚和汤盛入砂锅。

4 白果用开水煮熟，剥掉外壳，备用；芹菜洗净并切成段；胡萝卜洗净切成片；腐竹洗净切成段。

5 将白果加入砂锅中，大火烧开后转小火炖煮 1 小时左右。放入芹菜段、腐竹段和胡萝卜片再煮 10 分钟，加盐、胡椒粉调味，装盘即可食用。

营养师说：

白果猪肚煲是一道清淡而富含营养的汤品，适合在减脂期食用。猪肚富含胶原蛋白和蛋白质，而白果则含有丰富的蛋白质、脂肪、碳水化合物、B 族维生素、维生素 C 等营养物质，可以为身体提供一定的能量和营养。同时，这道汤品口感清爽，不油腻，在满足口腹之欲的同时又不会给减脂计划带来太多额外的负担。

鸡胸肉沙拉

鸡胸肉的营养成分（以100克可食用部分计）

热量	碳水化合物	蛋白质	脂肪
118千卡	0.6克	24.6克	1.9克

所需材料：

鸡胸肉 100 克，青豆、玉米粒、生菜、紫橄榄菜、圣女果各适量，橄榄油、柠檬汁、盐、黑胡椒粉各适量。

制作步骤：

1 将鸡胸肉洗净，用厨房纸吸去鸡胸肉表面水分，撒上少许盐和黑胡椒粉腌制，也可以根据个人口味加入咖喱粉、孜然粉或辣椒粉等。

2 取平底锅，喷入橄榄油，将鸡胸肉煎至两面呈金黄色，确保鸡肉熟透。

3 将青豆和玉米粒煮至熟透，捞出过凉水。

4 将洗净的生菜和紫橄榄菜撕成适当大小，圣女果对半切开。

5 将准备好的食材摆盘，挤少许柠檬汁调味即可食用。

营养师说：

鸡胸肉是一种低热量、低碳水的食物，其蛋白质含量高，热量相对较低，这使它成为人们减脂和增肌期间的理想食物之一。此外，鸡胸肉也富含多种维生素和矿物质，如维生素 B_6、维生素 B_{12}、镁和锌等，这些营养物质对维持身体的正常功能和肌肉健康非常重要。

将鸡胸肉与各种蔬菜搭配食用，不仅可以增加菜肴的口感和色彩，还能够提供更全面的营养。此外，蔬菜中的膳食纤维也有助于增强饱腹感，控制食欲，从而有助于减脂过程中的能量控制。

卤鹌鹑蛋

鹌鹑蛋的营养成分（以100克可食用部分计）

热量	碳水化合物	蛋白质	脂肪
160千卡	2.1克	12.8克	11.1克

所需材料：

鹌鹑蛋 500 克，生抽、料酒、冰糖、八角、肉桂、干辣椒、姜片、盐、香叶各适量。

制作步骤：

1 将鹌鹑蛋放入冷水锅中，加入适量的盐，水开后继续煮 5 分钟，然后捞出，用冷水冲洗，去壳备用。

2 取一个锅，倒入适量的水，加入生抽、料酒、冰糖、八角、肉桂、干辣椒、姜片和香叶（按照个人口味添加调料），大火煮沸后改小火煮 10 分钟左右，使卤汁的味道更浓郁。

3 将处理好的鹌鹑蛋放入卤汁中，继续小火煮 15 ~ 20 分钟，让鹌鹑蛋充分入味。

4 关火后，让鹌鹑蛋在卤汁中浸泡至完全冷却，这样会更加入味。

营养师说：

卤鹌鹑蛋是一种高蛋白、低脂肪的食物，对减脂增肌有一定的帮助。蛋白质是构建肌肉组织所必需的营养物质，可以帮助增加肌肉质量，同时，蛋白质也具有较强的饱腹感，可以帮助控制饮食的摄入量，促进减脂过程。

需要注意的是，食用卤鹌鹑蛋时要注意食用的数量，也不要只食用鹌鹑蛋，要搭配其他食物食用。尽管它们富含蛋白质，每天食用量也需要控制在 5 ~ 6 个。

蛤蜊鲜虾炖水蛋

蛤蜊的营养成分（以100克可食用部分计）

热量	碳水化合物	蛋白质	脂肪
62千卡	2.8克	10.1克	1.1克

所需材料：

蛤蜊 300 克，鲜虾 200 克，鸡蛋 4 个，姜片、葱段、红甜椒、料酒、盐、胡椒粉、食用油各适量。

制作步骤：

1 将蛤蜊清洗干净，放入盐水中浸泡 10 分钟以除去泥沙；鲜虾去壳、去头，洗净，沥干水分；鸡蛋打入碗中，打散备用，姜片、葱段、红甜椒切成细丝，备用。

2 热锅加入适量的食用油，放入部分姜丝和葱丝，炒出香味。

3 将清洗好的蛤蜊和鲜虾倒入锅中，翻炒均匀，稍微加入一些料酒提味。

4 倒入适量的水，足够覆盖蛤蜊和鲜虾。盖上锅盖，大火煮沸，煮至蛤蜊打开壳身。

5 把鸡蛋打散倒入碗中，加入与蛋液等比例的温水，再加入盐搅拌均匀。

6 待蛋液蒸至定型，摆入虾和蛤蜊，再上锅蒸制 2 ~ 3 分钟后出锅，在蛋羹表面放上葱丝和甜椒丝。

7 食用时，可根据个人口味加入适量的葱花、生抽、胡椒粉即可。

营养师说：

蛤蜊鲜虾蒸水蛋是一道低脂、低热量的菜肴，蛤蜊、鲜虾和鸡蛋都是优质蛋白质的来源，有助于维持肌肉的生长和修复。

鸡蛋的营养成分（以100克可食用部分计）

热量	碳水化合物	蛋白质	脂肪
139千卡	2.4克	13.1克	8.6克

所需材料：

鸡蛋 1 个，木耳菜 100 克，洋葱 20 克，土司一片，盐、黑胡椒粉、橄榄油、香醋适量。

制作步骤：

1 将鸡蛋煮熟，放到冷水中浸泡，待凉后去壳，切成块。

2 木耳菜洗净，摘除根部；洋葱洗净切成丝。

3 取一个大碗，将木耳菜和洋葱放入其中并拌匀。

4 将吐司用烤面包机烤至微微变脆，切成块，放入碗中。

5 在碗中加入切好的鸡蛋块。

6 按照个人口味加入盐和黑胡椒粉，再淋上橄榄油和香醋，轻轻拌匀即可。

营养师说：

相比于如油炸或煎炒的烹调方法，煮鸡蛋不仅制作简单，而且热量相对较低，营养物质保留较全面，也更利于人体消化吸收。

这道鸡蛋沙拉里面可根据自己的口味加入其他蔬菜和水果，例如胡萝卜、苹果、番茄等。如果想要增加蛋白质含量，可以在沙拉中加入一些豆类或坚果类。

第四章

蔬菜巧搭配，健康营养瘦得快

多吃蔬菜有助于提供全面的营养素，控制热量摄入，促进消化和维持电解质平衡，对减脂增肌的人来说，多吃蔬菜非常有益。

蔬菜本身就具有丰富的颜色，而不同种类的蔬菜搭配在一起，不仅可以提供多种营养素，还能品尝到蔬菜本身自带的甘甜。

果仁菠菜

菠菜的营养成分（以100克可食用部分计）

热量	碳水化合物	蛋白质	脂肪
28千卡	4.5克	2.6克	0.3克

所需材料：

花生仁 20 克，菠菜 250 克，香油、盐适量。

制作步骤：

1 将花生仁放入锅中，加适量清水，煮约 15 分钟，直到花生仁煮熟，捞出沥干水分。

2 菠菜洗净，切成段，放入开水中焯约 1 分钟，至菠菜变软后即可捞出。

3 将焯好的菠菜放入凉水中，以保持菠菜的鲜绿颜色。

4 取出菠菜，挤出多余的水分，切成段，与花生一同摆放在盘中。

5 根据个人口味，淋入香油，再撒上盐调味即可。

营养师说：

果仁菠菜是一道营养均衡、低热量的菜肴。花生富含蛋白质、膳食纤维和健康脂肪。相比于炸制的方法，水煮花生的热量更低，并且煮花生也可以保留更多的营养成分。菠菜的热量很低，100 克菠菜的热量只有 28 千卡，吃起来几乎没有负担。同时，菠菜中还富含对身体健康非常重要的铁元素，对养阴补血有益。但是，菠菜含有较多的草酸，建议略微焯水后再食用。

芹菜的营养成分（以100克可食用部分计）

热量	碳水化合物	蛋白质	脂肪
13千卡	1.8克	1.4克	0.2克

所需材料：

烤熟的腰果仁 50 克，红甜椒半个，西芹 250 克，大蒜 2 瓣，食用油、盐、生抽各适量。

制作步骤：

1 将红甜椒洗净、去籽后切成块；西芹洗净，斜切成段；大蒜切片备用。

2 取不粘锅，加热后喷入食用油，放入大蒜片爆香，再放入切好的红甜椒块和西芹段，用中火翻炒。

3 待红甜椒块和西芹段炒至八分熟，加入腰果仁，略微翻炒。

4 放入盐、生抽调味，装盘即可食用。

营养师说：

彩椒是一种营养丰富的蔬菜，含有大量的维生素 C、维生素 A、叶酸、钾、膳食纤维等营养成分。每 100 克彩椒中维生素 C 含量比橙子还要高，达 104 毫克。

西蓝花的营养成分（以100克可食用部分计）

热量	碳水化合物	蛋白质	脂肪
27千卡	3.7克	3.5克	0.6克

所需材料：

西蓝花 300 克，虾仁 100 克，水淀粉、盐、胡椒粉、食用油、生抽、料酒各适量，蒜末、姜末各少许。

制作步骤：

1 将西蓝花洗净，切成小块。锅中注水烧开，放入少许食用油和盐，将西蓝花焯水，捞出，过凉水备用。

2 起锅烧油，待油热放入姜末和蒜末爆香，然后放入虾仁翻炒至变色，加入生抽、料酒、盐、胡椒粉翻炒均匀。

3 加入焯好的西蓝花，快速翻炒均匀后，加入水淀粉勾薄芡即可食用。

营养师说：

西蓝花和虾仁都是低热量且营养丰富的食物，适合在减脂期食用。西蓝花富含维生素 C、维生素 K、叶酸等营养素。虾仁则是一种高蛋白的食物，既有助于增加饱腹感，又可以帮助保持肌肉质量。

橄榄油拌芦笋

芦笋的营养成分（以100克可食用部分计）

热量	碳水化合物	蛋白质	脂肪
19千卡	3.3克	2.6克	0.1克

所需材料：

芦笋500克，橄榄油、盐、生抽各适量。

制作步骤：

1 将芦笋洗净，去除比较老的底部部分，保留较嫩的部分。

2 锅中注水烧开，加入适量盐，放入芦笋煮约2分钟至芦笋稍稍变软，捞出备用。

3 取平底锅，倒入橄榄油，中火加至油热，加入焯好水的芦笋，翻炒均匀，再加入盐和生抽调味即可。

营养师说：

芦笋富含维生素A、维生素C、维生素E和维生素K，这些维生素对保持皮肤光泽、保护眼睛健康和增强免疫系统的功能非常重要；橄榄油含有有益于健康的脂肪和抗氧化物质，有助于维持身体的健康状态。此外，这道菜品也是低热量、低碳水化合物的菜品，适合追求健康减肥的人群食用。

苦瓜炒鸡蛋

苦瓜的营养成分（以100克可食用部分计）

热量	碳水化合物	蛋白质	脂肪
22千卡	4.9克	1克	0.1克

所需材料：

苦瓜 1 根，鸡蛋 2 个，姜末、蒜末各适量，盐、生抽、油各少许。

制作步骤：

1 将苦瓜洗净，剖开，去籽后切成薄片，撒少许盐腌制一段时间，使其出水，这一步骤也可以去除一部分苦味。

2 将鸡蛋打入碗中，加入少许盐和生抽，搅拌均匀备用。

3 将鸡蛋液倒入不粘锅中，快速翻炒均匀，直至鸡蛋熟透盛出。

4 锅中喷入适量油，放入姜末、蒜末爆香，然后加入苦瓜片翻炒至变软。

5 放入炒好的鸡蛋，再加入盐、生抽，翻炒均匀即可食用。

营养师说：

苦瓜含有丰富的营养成分，包括维生素 C、维生素 E、叶酸、钙、铁、锌等。此外，苦瓜还含有多种黄酮类、皂苷类等植物化合物，这些成分对人体健康非常有益。苦瓜还是一种低热量、高纤维的食物，其中的不可溶性膳食纤维可以增加饱腹感，有助于控制饮食的摄入。

苦瓜的苦味主要来自苦瓜中的葫芦素和野生黄瓜汁酶。其中，葫芦素是苦瓜特有的成分，是一种化合物，具有抗氧化、抗菌、抗病毒等多种生物活性，对人体健康十分有益。虽然苦瓜的苦味可能让一些人觉得难以接受，但是它的营养价值和健康功效却是不容忽视的。可以通过切片去籽腌制或者与肉、鸡蛋搭配食用等方式来减轻苦瓜的苦味。

辣炒长豆角

豆角的营养成分（以100克可食用部分计）

热量	碳水化合物	蛋白质	脂肪
30千卡	4.6克	2.5克	0.2克

所需材料：

长豆角250克，蒜蓉、姜末、干辣椒、食用油、盐、生抽各适量。

制作步骤：

1 将长豆角洗净，去除两端，切成段备用。

2 锅中注入水烧开，放入切好的长豆角段焯至5分熟，捞出，沥干备用。

3 热锅凉油，加入蒜蓉、姜末、干辣椒煸炒出香味，再加入长豆角段煸炒至表面微焦。

4 加入盐、生抽，炒匀即可。

营养师说：

传统的长豆角炒制时需要放入很多的油，事先焯水处理过的长豆角，其吸油性大大降低，可以减少这道菜的油脂使用。

辣椒中的辣味成分——辣椒素具有刺激性，可以增加体内的新陈代谢速度，促进脂肪的分解和燃烧。同时，辣椒中的辣味成分可以刺激口腔和胃部的神经，增强饱腹感，从而减少食物的摄入量。这可以帮助减肥增肌的人控制饮食，减少热量的摄入。

内酯豆腐的营养成分（以100克可食用部分计）

热量	碳水化合物	蛋白质	脂肪
40千卡	0克	3.8克	2.5克

所需材料：

内酯豆腐 150 克，葱花、蒜末、干辣椒、食用油、辣椒粉、生抽、蚝油、盐各适量。

制作步骤：

1 将内酯豆腐切成块备用；干辣椒切碎。

2 取一个小碗，放入蒜末、辣椒粉、生抽、蚝油、盐、清水调匀，做成料汁。

3 不粘锅内喷少许油，放入干辣椒碎，略炒后，放入内酯豆腐块，再倒入料汁。

4 盖上盖子，用小火焖煮五分钟，再撒入葱花即可食用。

营养师说：

豆腐是一种营养丰富的食材，富含钙、蛋白质等多种营养素。豆腐的热量与其种类、含水量密切相关，相对而言，内酯豆腐的热量较低，油炸豆腐、豆泡等豆制品脂肪含量较高，不适宜在减脂期食用。

豆腐有很多种料理方法，可以与瘦肉、鸡蛋同炒，也可以搭配各种蔬菜，如海带、金针菇等一同做汤，这些菜肴的热量较低，且营养丰富，但在食用豆腐时要控制食用量，以免引起腹胀、腹泻。在烹饪的过程中，尽量用辣椒粉、葱、蒜等天然调味品，避免使用豆瓣酱等热量高的调味品。

时蔬大拌菜

紫甘蓝的营养成分（以100克可食用部分计）

热量	碳水化合物	蛋白质	脂肪
25千卡	6.2克	1.2克	0.2克

所需材料：

紫甘蓝100克，苦菊半棵，生菜50克，熟花生仁10克，胡萝卜半根，黄瓜50克，青椒半个，红甜椒半个，香醋、生抽、蚝油、盐、熟芝麻各适量。

制作步骤：

1 将所有蔬菜清洗干净备用。

2 将紫甘蓝切片；苦菊去蒂，切段；青椒、红甜椒去蒂、去籽，切成块状；胡萝卜切片，黄瓜切块；生菜撕成块。将备好的蔬菜放玻璃碗中备用。

3 另取一只小碗，加入盐、生抽、蚝油、香醋，搅拌均匀，制成调味汁。

4 将调味汁倒入玻璃碗里，用筷子搅拌均匀，使调味汁均匀地附着在蔬菜上。

5 撒上熟芝麻和熟花生仁，拌匀即可。也可以依个人口味加入小米辣、葱花、香菜等调味。

营养师说：

紫甘蓝含有丰富的酶类物质和花青素，这些物质具有抗氧化的作用，可以帮助身体对抗自由基的损害，从而起到抗衰老的效果。此外，紫甘蓝富含植物纤维，有助于促进肠道蠕动，改善消化功能，减少便秘问题，并能帮助身体排出代谢废物。

紫甘蓝既可以用来凉拌，也可以用来搭配肉类或其他蔬菜进行炒制，是一种低热量且富含维生素C的蔬菜，每100克紫甘蓝只含有25千卡的热量，是减脂期间的理想的食材之一。

凉拌莴笋丝

莴笋的营养成分（以100克可食用部分计）

热量	碳水化合物	蛋白质	脂肪
15千卡	2.8克	1.0克	0.1克

所需材料：

胡萝卜、莴笋各 150 克，大蒜、生姜、生抽、醋、盐、香油、熟芝麻各适量。

制作步骤：

1 将莴笋和胡萝卜洗净，去皮，用刨丝器刨成细丝。

2 将大蒜和生姜切成碎末备用。

3 取一个碗，加入醋、生抽、盐和香油，调成料汁。也可以根据个人喜好添加适量的辣椒油增加辣味。

4 锅中注水烧开，放入切好的莴笋丝、胡萝卜丝，焯水 5 分钟后捞出。如果喜欢脆爽的口感，焯水时间可以短一些。

5 将调好的料汁与莴笋丝、胡萝卜丝充分拌匀，使食材均匀裹上料汁，再撒上熟芝麻。

6 将拌好的菜肴放在室温下静置 10 ~ 15 分钟，让蔬菜充分吸收料汁的味道后，即可盛盘食用。

营养师说：

这道凉拌莴笋丝是一道营养丰富、低热量的凉菜。它富含纤维素、维生素 C、维生素 K 和多种矿物质，具有促进消化、增强免疫力、抗氧化等多种益处，是一种既营养均衡，又美味的菜肴。

山药的营养成分（以100克可食用部分计）

热量	碳水化合物	蛋白质	脂肪
57千卡	12.4克	1.9克	0.2克

蓝莓山药

所需材料：

山药 200 克，新鲜蓝莓 50 克，柠檬汁 20 克，蜂蜜 10 毫升或零卡糖 10 克，薄荷叶 1 片。

制作步骤：

1 蓝莓用清水洗净。

2 在不粘锅中加入蓝莓和柠檬汁，用中火加热至蓝莓开始软化。用勺子轻压蓝莓使其变成果酱状，继续加热直到液体开始变得浓稠。

3 依口味加入蜂蜜或零卡糖调味，继续煮 2 ~ 3 分钟，关火冷却。

4 山药去皮，切成长条，上锅蒸熟，待熟后摆放在盘中。

5 依口味取适量做好的蓝莓酱淋在蒸熟的山药条上，再放上薄荷叶装饰即可。未用完的蓝莓酱可以放入密封罐中保存。

营养师说：

山药的膳食纤维含量高，但是热量较低，可以增强饱腹感的同时，又可以提供一定的能量和营养。在减脂期间，山药可以作为主食的一部分，搭配其他低热量、高营养的食材食用，例如搭配蔬菜、水果、瘦肉、鱼类等。可以选择蒸煮或炖汤的方式来食用山药，以最大程度保留其营养价值。

彩椒鸡肉串

彩椒的营养成分（以100克可食用部分计）

热量	碳水化合物	蛋白质	脂肪
26千卡	6.4克	1.3克	0.2克

所需材料：

鸡胸肉 200 克，青椒 50 克，彩椒（红彩椒和黄彩椒）50 克，洋葱 50 克，油、盐、黑胡椒粉、孜然粉、辣椒粉各适量。

制作步骤：

1 将鸡胸肉切成小块，青椒、彩椒和洋葱也切成相同大小的小块备用。

2 在鸡肉块中加入盐、黑胡椒粉、孜然粉、辣椒粉等调料，搅拌均匀后静置腌制 15 ~ 20 分钟。

3 将腌好的鸡肉块、青椒块、彩椒块、洋葱块串在扦子上，每支扦子大概放 5 ~ 6 块鸡肉块。将串儿放在烤盘上，喷上少量油。

4 烤箱调至 200 度预热，然后把烤盘放入烤箱中，烤 15 ~ 20 分钟，直到鸡肉块熟透。

5 取出烤盘，待鸡肉串稍凉后，即可食用。

营养师说：

辣椒不仅口感清甜，而且很适合搭配肉类食用。辣椒是一种含有丰富的维生素 C 和其他抗氧化物质的蔬菜，同时其热量也比较低，适合减脂增肌的人食用。

每 100 克彩椒中，维生素 C 的含量可以达到 120 毫克以上，是常见蔬菜中的佼佼者，而且还含有大量的胡萝卜素、维生素 E 等抗氧化物质，能够帮助身体对抗自由基的损伤，预防多种疾病。

选购辣椒时，建议选择色泽鲜艳、表面光滑、没有软烂或者凹陷的辣椒，以保证其营养价值和口感。同时，在烹饪辣椒时，要尽量避免过度加热和过长的烹饪时间，以免影响其营养价值。

胡萝卜的营养成分（以100克可食用部分计）

热量	碳水化合物	蛋白质	脂肪
32千卡	8.1克	1克	0.2克

所需材料：

鸡腿 200 克，胡萝卜、番茄、土豆各 100 克，青豆 30 克，姜片、香菜、葱段各少许，盐、生抽各适量。

制作步骤：

1 将鸡腿去骨、去皮，鸡肉切块。

2 锅中注入适量水，放入鸡肉块，再放入姜片，用大火将水烧开，撇去表面浮沫，转小火煲 30 分钟。

3 将胡萝卜、番茄、土豆洗净，切成适当大小的块状；青豆洗净。

4 将备好的蔬菜放入鸡汤中，转中火续煮 10 ~ 15 分钟，至蔬菜熟烂。

5 煮好后撒上香菜和葱段，根据个人口味加入盐及生抽调味，即可食用。

营养师说：

去皮的鸡肉脂肪含量很低，但是蛋白质含量却很高，非常适合减脂期的人食用。胡萝卜自带清甜口味，与鸡肉和土豆同煮，可以补充人体所需的膳食纤维和多种维生素。这道汤品在制作过程中并没有额外添加油脂，只是充分利用了鸡肉中所含的脂肪，所以在吃完肉和蔬菜后，也可以适量喝一些鸡汤。

冬瓜鸭腿汤

冬瓜的营养成分（以100克可食用部分计）

热量	碳水化合物	蛋白质	脂肪
10千卡	2.4克	0.3克	0.2克

所需材料：

冬瓜 300 克，鸭腿 2 个，姜 10 克，大葱 1/3 根，盐、胡椒粉、料酒、食用油、香菜各适量。

制作步骤：

1 鸭腿洗净，去皮，剁成大块；冬瓜去皮切块；大葱切段；姜切片；香菜切段备用。

2 锅中注水烧开，加姜片、料酒、葱段，再放入鸭腿块进行焯水，捞出并沥干。

3 另起锅，喷少许食用油，放入鸭肉块略微煸炒至表面微黄，加入姜片和葱段继续煸炒后，加入适量的开水，中火煮 10 ~ 15 分钟。

4 将冬瓜块放入锅中，大火烧开后转小火煮 10 分钟左右。

5 煮好后加入香菜段、盐和胡椒粉调味即可。

营养师说：

冬瓜是一种营养丰富、味道清淡的食物，可以与瘦猪肉、羊肉、鸭肉等肉类搭配食用。冬瓜的特点是水分含量高，而热量和脂肪含量都相对较低，因此非常适合减脂期或者保持健康饮食的人群食用。

将冬瓜与瘦肉类搭配食用，不仅可以增加食物的口感和营养价值，还可以提高饱腹感和满足感。例如，将冬瓜与去皮的鸭腿肉一起煮汤，可以让汤的味道变得更加清爽，同时鸭腿肉也可以提供高质量的蛋白质，使这道菜营养更加均衡。

番茄蔬菜汤

番茄的营养成分（以100克可食用部分计）

热量	碳水化合物	蛋白质	脂肪
15千卡	3.3克	0.9克	0.2克

所需材料：

番茄 2 个，菜花 100 克，黄瓜半根，胡萝卜半根，大蒜 2 瓣，盐、生抽、胡椒粉、食用油各适量。

制作步骤：

1 将番茄表面划“十”字，用开水烫 1 分钟，去皮、切丁备用。

2 将菜花、胡萝卜洗净，切成适当大小的块状；黄瓜洗净，切成将大蒜切片。

3 取锅烧水，待水开，先后放入胡萝卜块、菜花块，焯水备用。

4 在炒锅中喷少量的食用油加热，放入蒜片炒香。

5 将番茄丁放入锅中翻炒，待番茄出汁后，加入盐、生抽调味。往锅中注入适量的开水，做成番茄汤。

6 在番茄汤中加入焯好的胡萝卜块、菜花块及黄瓜条，小火煮 3 ~ 5 分钟，至蔬菜熟软、入味即可关火。

7 在做好的蔬菜汤中撒少许胡椒粉调味，盛出即可食用。

营养师说：

番茄不仅热量很低，而且富含维生素 C 和番茄红素等营养成分。将番茄切丁后炒软，并加入适量的水煮开就能获得一份口感清爽的汤底，再加入各种蔬菜、豆制品、菌类或肉丸一同煮制，既营养又美味。

第五章

零食自己做，美味无负担

市售的糖果、薯片、甜点的热量往往很高，不利于减脂期热量的控制。在减脂期，尽量不要吃零食，但是如果特别想吃零食，自己动手制作一些低热量、营养的小零食是一个不错的选择。通过自制的低热量小零食，我们可以更好地掌握摄入的热量和营养成分，从而更好地控制饮食，达到减脂的目的。

鸡肉的营养成分（以100克可食用部分计）

热量	碳水化合物	蛋白质	脂肪
104千卡	0克	23.3克	1.2克

所需材料：

鸡胸肉 200 克，鸡蛋清 2 个，干淀粉适量，盐、黑胡椒粉、食用油各适量。

制作步骤：

1 将鸡胸肉洗净，用刀背轻轻拍打。

2 准备两个碗，一个放入鸡蛋清，另一个放入干淀粉。

3 在鸡蛋清碗中加入盐和黑胡椒粉，搅拌均匀。

4 将鸡胸肉蘸上鸡蛋清，然后再裹上干淀粉，确保鸡肉均匀地裹上一层蛋清和淀粉。

5 将裹好的鸡胸肉均匀地喷洒一层油，放入空气炸锅中。

6 设置空气炸锅温度为 180℃，时间为 12 分钟。

7 将鸡胸肉取出，放置在厨房纸巾上吸干多余的油分，切成均匀的条状即可享用。

营养师说：

这种用空气炸锅制作的低热量香酥鸡胸肉条不需要大量的油炸，也能够制作出口感酥脆的鸡肉条，同时也减少了热量的摄入。建议配合蔬菜沙拉或其他低热量的配菜一起食用，以增强饱腹感和均衡营养。

低热量版炸土豆块

土豆的营养成分（以100克可食用部分计）

热量	碳水化合物	蛋白质	脂肪
70千卡	15.9克	1.9克	0.1克

所需材料：

土豆 300 克，食用油 3 毫升，辣椒粉、盐各适量。

制作步骤：

1 将土豆洗净、去皮，切成滚刀块。

2 在土豆块表面喷上食用油。

3 将土豆块放入空气炸锅，用 180 度烤 10 分钟，翻面再烤 10 分钟。

4 将炸好的土豆块取出，趁热撒上辣椒粉和盐即可食用。

营养师说：

这道低热量版炸土豆块，可以当作减脂期的主食食用，也可以蘸取自制的少糖的番茄酱来代替传统的蘸料。

土豆的营养成分（以100克可食用部分计）

热量	碳水化合物	蛋白质	脂肪
70千卡	15.9克	1.9克	0.1克

所需材料：

土豆 200 克，食盐 2 克，橄榄油 3 毫升，辣椒粉适量。

制作步骤：

1 将土豆洗净去皮，用切片工具切成薄片。

2 将切好的土豆片浸泡在水中约 30 分钟，然后晾干，这样做可以去除部分淀粉，降低热量，也可以让做好的薯片更加酥脆。

3 将土豆片放入一个大碗中，喷入适量的橄榄油，拌匀。

4 在空气炸锅中放上一层锡纸，在锡纸上铺上薯片，确保它们之间不重叠。

5 设定空气炸锅的温度为 180℃，时间为 10 ~ 15 分钟。（具体时间根据空气炸锅的型号和薯片厚度而定。）

6 待薯片变得金黄酥脆时，即可取出。根据个人口味撒上盐、辣椒粉或其他调味料即可。

营养师说：

相比传统的油炸薯片，使用空气炸锅制作的薯片更健康，因为减少了烹饪中需要的油量。同时，你也可以根据个人口味添加其他调味料，如辣椒粉、孜然粉等，打造出更多口味的薯片。需要注意的是，薯片本身依然是高淀粉的食物，过量摄入仍可能导致热量过高和血糖波动，在享用薯片时，依然需要控制好食用量。

低热量燕麦片饼

燕麦片的营养成分（以100克可食用部分计）

热量	碳水化合物	蛋白质	脂肪
338千卡	77.4克	10.1克	0.2克

所需材料：

燕麦片 100 克，牛奶 50 克，蛋液 50 毫升，零卡糖 5 克。

制作步骤：

1 将燕麦片、蛋液、牛奶、零卡糖放入玻璃碗中混合，抓匀成燕麦片糊。

2 将烤盘铺上烘焙纸，烤箱调至 160℃预热。

3 取适量燕麦片糊，捏成相同大小的饼，均匀地放入烤盘中。

4 待烤箱预热好后，将烤盘放入烤箱中烤 3 ~ 10 分钟（根据燕麦片饼厚度的不同，烤制时间也有所不同），至燕麦片糊变酥脆，即可食用。

营养师说：

这种低热量燕麦片饼味道美味，很适合作为零食或早餐搭配酸奶等食用。可以根据个人口味选择加入喜欢的坚果。这种自制的燕麦片饼比市售的热量更低，并且制作过程简单，便于在家制作。

蛋白棒

奇亚籽的营养成分（以100克可食用部分计）

热量	碳水化合物	蛋白质	脂肪
436千卡	7.7克	16.5克	30.7克

所需材料：

燕麦片 300 克，蛋白粉 100 克，纯牛奶 200 毫升，奇亚籽 50 克，葡萄干、坚果碎、芝麻仁各 30 克，鸡蛋三个，香蕉 1 个，肉桂粉 5 克。

制作步骤：

1 将所有的干性食材进行混合，放入盆中。

2 将鸡蛋蛋清、蛋白分离，取蛋清加入盆中。

3 在盆中分次倒入牛奶，并搅拌均匀至黏稠。

4 烤盘内铺烘焙纸，将做好的面糊平铺在烘焙纸上，大约 3 厘米的厚度。

5 烤箱上下火 180℃预热，将烤盘放入烤箱内烤 18 分钟，烤至干燥、微黄的状态。

6 待面糊冷却后，切条，放入密封盒再放进冰箱保存即可。

营养师说：

蛋白棒含有丰富的蛋白质和多种营养元素，对于健身运动后的恢复和肌肉生长非常有益。自制蛋白棒可以确保所食用的食材健康，并且可以根据个人口味和需求进行定制。

低热量红薯麻薯

红薯的营养成分（以100克可食用部分计）

热量	碳水化合物	蛋白质	脂肪
99千卡	24.7克	1.1克	0.2克

所需材料：

红薯 300 克，糯米粉 40 克，零卡糖适量（可不加），黑芝麻适量。

制作步骤：

1 将红薯切成小块，上锅蒸熟。蒸制的时间根据红薯块的大小而定，一般需要 10 ~ 15 分钟，直到红薯变软。

2 将蒸熟的红薯块放入容器中，用勺子或压面器将其压成红薯泥。

3 在红薯泥中加入糯米粉，可以根据口感和喜爱的甜度添加零卡糖及黑芝麻。

4 将面团搅拌均匀，团成大小均匀的球状。

5 空气炸锅 160℃预热，将做好的红薯面团放入空气炸锅中，烤 25 分钟，中途翻面以保证均匀受热。

6 面团烤好后取出，让其稍微冷却一下后即可食用。

营养师说：

这款以红薯为主料制作的麻薯无需额外添加糖和油，是一款低热量零食，其富含膳食纤维和碳水化合物，饱腹感强，可以和牛奶、鸡蛋等搭配食用当作早餐。由于其便于携带，所以也可以作为运动健身后的补充。

草莓的营养成分（以100克可食用部分计）

热量	碳水化合物	蛋白质	脂肪
32千卡	7.1克	1.0克	0.2克

所需材料：

全脂纯牛奶 300 克，新鲜草莓 300 克，酸奶菌种适量。

制作步骤：

1. 将全脂纯牛奶倒入锅中，加热至牛奶沸腾时关火。

2 让牛奶冷却到温热状态（约 40℃左右）。

3 在牛奶中加入适量的酸奶菌种，用勺子轻轻搅拌均匀，确保菌种充分分散在牛奶中。

4 将拌好的牛奶倒入酸奶机中，按照说明书上的指示设置时间和温度。

5 让其发酵 8 ~ 12 小时，直到达到自己喜欢的酸奶口感。

6 发酵完成后，将酸奶冷藏数小时，使其凝固，口感更佳。

7 将草莓洗净并去除叶子部分，然后切成小块，放入搅拌机或果汁机中，搅打成泥状。

8 将草莓泥倒入制作好的酸奶中，用勺子充分搅拌均匀，装饰薄荷叶和少许草莓块即可食用。

营养师说：

草莓是一种营养丰富的水果，含有维生素 C、膳食纤维和抗氧化物质，对身体健康非常有益。而且草莓的糖分和热量相对较低，非常适合在减脂期间食用。

酸奶是一种优质蛋白质的来源，有助于维持肌肉质量。此外，酸奶中含有益生菌，可以促进肠道健康，增强消化功能和免疫力。用草莓搭配酸奶，可以利用草莓自带的香甜口感，来改善无糖酸奶的口味。

这道甜品中的酸奶也可以直接从市场上购买无糖酸奶来制作，如果喜欢更甜一些的口味，可以添加一些天然甜味剂，如蜂蜜、甜叶菊等代替糖来调节甜度。

燕麦片酸奶杯
燕麦片的营养成分（以100克可食用部分计）
热量
338千卡
碳水化合物
77.4克
蛋白质
10.1克
脂肪
0.2克

所需材料：

即食燕麦片 25 克，酸奶 150 克，奇亚籽 2 克。

制作步骤：

1. 取 15 克燕麦片倒入碗中，加适量开水调至黏稠。
2. 另取一个碗，在杯子底部撒少许奇亚籽，再铺一层酸奶。
3. 在酸奶上层放上冲泡好的燕麦片糊，即可食用。

营养师说：

燕麦片是一种非常健康的食物，含有丰富的蛋白质、膳食纤维和碳水化合物，也是健身运动后，补充能量、加速肌肉恢复的最佳食材之一。

尽量选择简单加工后的纯燕麦片，而不是精制的燕麦片产品，因为这些精制燕麦片产品可能会添加大量的糖、油脂等成分，导致摄入的热量增加。

燕麦片与牛奶、酸奶或豆浆搭配食用可以增加燕麦片的营养价值。牛奶、酸奶或豆浆中含有蛋白质、钙等营养物质，与燕麦片搭配可以提供更全面的营养。此外，您还可以根据个人口味，添加一些坚果、水果、蜂蜜等调味，使燕麦片更加美味。

纯牛奶的营养成分（以100克可食用部分计）

热量	碳水化合物	蛋白质	脂肪
66千卡	5克	3克	3.8克

所需材料：

红茶 5 克，牛奶 250 毫升，零卡糖 20 克，冰块适量。

制作步骤：

1 将水加热至沸腾，放入红茶，静置 3 ~ 5 分钟，充分浸泡出茶色和香味。

2 用滤网捞出茶叶，将茶水倒入一个大杯子中。

3 加入零卡糖拌匀，使其充分溶解在茶水中。

4 取另一个锅，倒入牛奶，用小火加至温热，注意不要让牛奶沸腾。

5 将温好的牛奶倒入茶水中，搅拌均匀。

6 如需冷饮，可在奶茶中加入适量的冰块。

营养师说：

普通的奶茶中含有大量的糖分和脂肪，而自制低脂奶茶则可以通过选择低脂乳制品、天然甜味剂等方式来减少这些成分的摄入。珍珠奶茶中的珍珠是一种木薯淀粉制品，会增加奶茶的热量，在自制奶茶时可以用奇亚籽来代替。奇亚籽含有丰富的纤维素和 ω-3 不饱和脂肪酸，可以增强饱腹感，同时帮助人调节血糖水平。

红枣枸杞银耳羹

银耳（干）的营养成分（以100克可食用部分计）

热量	碳水化合物	蛋白质	脂肪
261千卡	67.3克	10克	1.4克

所需材料：

干银耳一朵，红枣 3 颗，零卡糖 20 克，枸杞适量。

制作步骤：

1 将银耳放入冷水浸泡 1 小时以上，泡软后撕成小块备用。

2 将红枣洗净，去掉核，切成片。

3 准备一个锅，加入适量清水，放入银耳和红枣。

4 将锅置于火上，大火将水烧开后转小火煮 15 ~ 20 分钟，直到银耳和红枣煮烂后，加入适量的零卡糖，根据个人口味调整甜度，继续用小火煮。

5 关火后，放入适量枸杞，搅拌均匀。

6 稍待凉后，可以直接食用，也可以放入冰箱冷藏后食用。

营养师说：

每 100 克干银耳的热量为 261 千卡，但是在泡发后，其体积会增大，而热量却不会明显增加，因此银耳羹的热量相对较低，非常适合减脂期食用。

银耳是一种营养丰富的食物，含有蛋白质、膳食纤维和多种矿物质。其中的膳食纤维大部分为可溶性膳食纤维，可以增强饱腹感的同时还能促进胃肠蠕动。另外，银耳多糖也是银耳中重要的营养成分之一，具有很高的营养价值和生物活性，可以提高人体的免疫力和抗氧化能力。

银耳除了可以做成银耳羹，还可以做凉拌银耳，但是应该尽量减少添加冰糖等糖分高的配料，使用零卡糖等代替，以达到减少热量摄入的目的。

第六章

吃好练后餐，加速肌肉的恢复与增长

在运动和锻炼期间，肌肉组织会遭受微小的损伤，身体需要摄入充足的氨基酸来修复和重建这些受损的肌肉组织。因此，在运动健身后补充蛋白质是保障肌肉快速恢复、增长的关键。在运动后及时补充一些鱼、鸡胸肉、牛肉等富含优质蛋白的食物很有必要。

杂蔬配卤牛肉

甜玉米的营养成分（以100克可食用部分计）

热量	碳水化合物	蛋白质	脂肪
107千卡	17.8克	3.3克	2.5克

所需材料

鸡蛋 1 个，卤牛肉 100 克，黄瓜 70 克，甜玉米粒 50 克，胡萝卜 50 克。

制作步骤：

1 将胡萝卜洗净，切成丁；黄瓜洗净，切成片；卤牛肉切片。

2 将鸡蛋冷水下锅，煮熟后捞出并过凉水，剥去外壳，对半切开。

3 将甜玉米粒冷水下锅，煮熟并捞出。

4 将备好的菜装盘，可依个人口味淋少许生抽调味。

营养师说：

在进行长时间或高强度的锻炼后，身体会消耗大量能量，导致饥饿感增加。这时适量摄入一些牛肉可以增强饱腹感。牛肉富含蛋白质，脂肪较少，相对来说更能满足身体的能量需求。同时，牛肉也是一种优质的蛋白质来源，其中包含丰富的氨基酸，有助于促进肌肉合成和恢复。

玉米富含膳食纤维和碳水化合物。膳食纤维有助于促进消化系统健康，并提供长效能量。黄瓜和胡萝卜都是低热量的蔬菜。它们富含维生素、矿物质和膳食纤维，有助于保持身体健康。由于热量较低，食用它们可以在控制热量摄入的同时摄入丰富的营养。这道沙拉提供了优质蛋白质、膳食纤维、碳水化合物及其他重要的营养素，有助于满足减脂增肌者的营养需求。

杂蔬紫薯球配紫米饭

紫米的营养成分（以100克可食用部分计）

热量	碳水化合物	蛋白质	脂肪
346千卡	75.1克	8.3克	1.7克

所需材料：

紫米 30 克，五香卤牛肉 50 克，玉米粒、豌豆、西蓝花各 50 克，鸡蛋 1 个，紫甘蓝、红芸豆各 20 克，葡萄、坚果各 50 克，紫薯 100 克，芝麻少许，油醋汁适量。

制作步骤：

1 将紫米洗净，煮熟；坚果捣成碎；五香卤牛肉切成片。

2 紫薯洗净，去皮并上锅蒸熟，待冷却后捣成泥。取紫薯和坚果碎团成球。

3 将西蓝花洗净，切成小朵；荷兰豆洗净，去柄；葡萄洗净。

4 锅中注入水烧开，分别放入豌豆、荷兰豆、红芸豆、玉米粒、西蓝花焯熟。

5 煮熟的紫米饭铺在碗底，将牛肉片、紫薯球、葡萄与焯熟的各种豆类、蔬菜摆在紫米饭上，撒上少许芝麻，再淋入适量油醋汁即可食用。

营养师说：

如果我们进行体能锻炼的目标是增长肌肉和强壮肌肉，那么摄入充足的蛋白质就非常关键。牛肉、鸡蛋等富含优质蛋白质的食物可以作为补充蛋白质的选择。这些食物可以提供丰富的氨基酸，有助于肌肉的合成和修复。

而对于减脂的人来说，确保控制碳水化合物的摄入量是十分重要的。减少高糖和高淀粉类碳水化合物的摄入，可以帮助控制热量的摄入，并促进脂肪的分解和代谢。在锻炼之后吃清淡的瘦肉类以补充蛋白质，再搭配新鲜的蔬菜、水果及少量主食即可。

杂蔬配香煎鸡胸肉玉米面

玉米面面条（干）的营养成分（以100克可食用部分计）

热量	碳水化合物	蛋白质	脂肪
350千卡	80.5克	6.6克	0.3克

所需材料：

玉米面面条 50 克，鸡胸肉 100 克，玉米半个，鸡蛋 1 个，西蓝花、豌豆、包菜、胡萝卜、南瓜各 50 克，圣女果 2 ~ 5 个，盐、胡椒粉、橄榄油、葱段、姜片、料酒、生抽适量。

制作步骤：

1 将玉米切成小段；西蓝花洗净，分成小朵；胡萝卜洗净，切成丁；圣女果对半切开；南瓜去皮，切成块；包菜撕成片；鸡胸肉洗净，用料酒、葱段、姜片、生抽腌制。

2 锅中注水，分别放入玉米块、南瓜块、西蓝花、包菜片、豌豆、胡萝卜丁煮熟，捞出晾凉备用。

3 不粘锅喷少许橄榄油，将腌制好的鸡胸肉煎熟，切成条状并撒上少许盐和胡椒粉备用。

4 锅中烧热水，放入鸡蛋煮熟，去皮，对半切开，取半个；再把玉米面放入开水煮至熟透，捞出过凉水，加入适量盐、胡椒粉、生抽调味。

5 将煮熟的玉米面、鸡蛋、鸡胸肉及各种蔬菜装盘，再淋少许生抽调味即可。

营养师说：

西蓝花、圣女果等含有各种维生素、矿物质和膳食纤维等营养物质，可以提供丰富的抗氧化剂。碳水化合物是身体的主要能量来源之一，有助于恢复体力和促进肌肉合成，而玉米面正是一种含碳水化合物较多的食物，可以提供能量来补充锻炼后耗费的糖原储备。

这道练后餐为身体提供了丰富的优质蛋白质、碳水化合物和多种营养素，有助于肌肉的恢复和增长，有利于控制热量的摄入和维持身体健康。

鳕鱼的营养成分（以100克可食用部分计）

热量	碳水化合物	蛋白质	脂肪
88千卡	0.5克	20.4克	0.5克

鳕鱼杂蔬紫米饭

所需材料：

番茄 100 克，鳕鱼排 100 克，紫薯、西蓝花、胡萝卜、豌豆各 50 克，紫米 50 克，苦菊 20 克，土豆 50 克，葱段、姜片各少许，盐、胡椒粉、生抽、料酒、椰蓉、橄榄油各适量。

制作步骤：

1 将紫米淘洗干净，加入适量的清水煮熟备用；紫薯洗净、切块，蒸熟备用。

2 将鳕鱼排用葱段、姜片、料酒腌制 10 分钟。

3 将所有蔬菜洗净。番茄切成丁；西蓝花分成小朵；胡萝卜、土豆切成丁。

4 在不粘锅中加入橄榄油，放入鳕鱼排煎至两面呈金黄色。

5 锅中注入水烧开，依次放入豌豆、胡萝卜丁、土豆丁、西蓝花块焯熟并捞出。

6 将做好的紫米饭、煎熟的鳕鱼排及各种杂蔬摆盘，撒适量盐、胡椒粉、椰蓉，淋少许生抽调味即可食用。

营养师说：

在运动后摄入足量的优质蛋白，可以让我们的身体快速进入修复状况。鳕鱼是一种热量相对较低且营养丰富的海鱼。鳕鱼富含优质蛋白质及不饱和脂肪酸，对心血管的健康有益。鳕鱼也富含维生素 A 和维生素 D，维生素 D 有助于促进钙的吸收和利用，对骨骼健康至关重要。紫薯和糙米饭可以补充身体消耗的能量。

藜麦的营养成分（以100克可食用部分计）

热量	碳水化合物	蛋白质	脂肪
357千卡	57.8克	14克	6克

杂蔬鸡蛋牛肉鸡胸肉配藜麦饭

所需材料：

藜麦 50 克，卤牛肉 50 克，鸡胸肉 50 克（熟），熟鸡蛋半个，圣女果、西蓝花、南瓜、玉米粒各 50 克，红芸豆 20 克。

制作步骤：

1 将熟鸡胸肉、卤牛肉切片备用。

2 将圣女果洗净，对半切开；西蓝花切成小朵并洗净；南瓜洗净并切块。

3 将红芸豆洗净放入电饭锅煮熟；藜麦洗净，加适量水放入电饭锅煮熟；南瓜上锅蒸熟。

4 锅中注入热水烧开，依次放入玉米粒、西蓝花焯烫至熟透。

5 取一个碗，用做好的藜麦饭铺在碗底，再放上卤牛肉、鸡胸肉、西蓝花、南瓜块、玉米粒、红芸豆、圣女果、熟鸡蛋，再淋少许油醋汁即可食用。

营养师说：

藜麦中含有大量健康、优质的碳水化合物及植物蛋白，不仅能为身体补充消耗的糖原，而且还可加速肌肉恢复。将藜麦搭配鸡胸肉、牛肉、鸡蛋及各种杂蔬，不仅美味可口，而且营养均衡，还能快速补充大量优质碳水化合物和蛋白质，非常适合作为健身运动后的餐食。

杂蔬鲜虾面

意大利面（极细）的营养成分（以100克可食用部分计）

热量	碳水化合物	蛋白质	脂肪
351千卡	71.9克	12.3克	1.8克

所需材料：

圣女果 30 克，西蓝花 50 克，意大利面 150 克，鸡胸肉（熟）50 克，玉米粒 50 克，鲜虾 100 克，橄榄油、盐、胡椒粉、蒜片各适量。

制作步骤：

1 将圣女果洗净，对半切开；西蓝花切成小朵；鸡胸肉切成薄片。

2 热锅中加入适量的橄榄油，倒入蒜片，煸炒至香味散发，加入鲜虾翻炒至变色熟透。

3 锅中注水烧开，将西蓝花、玉米粒分别焯熟。

4 锅中再次注水烧开，下入意大利面，待面熟后即可关火。

5 将准备好的食材分别装盘，撒上盐和胡椒粉，也可以根据个人的喜好添加一些额外的调料，如香草、辣椒等。

营养师说：

增肌需要良好的训练计划和膳食补充，运动后 2 小时内补充优质蛋白质和一定量的碳水化合物对增肌非常有帮助。虾和鸡胸肉都是低脂、高蛋白的食物，非常适合在锻炼后食用。

鲜蔬糙米饭

牛油果的营养成分（以100克可食用部分计）

热量	碳水化合物	蛋白质	脂肪
171千卡	7.4克	2克	15.3克

所需材料：

三色糙米100克，黄豆50克，彩椒50克，牛油果半个，鸡毛菜50克，辣椒粉适量，生抽少许。

制作步骤：

1 将黄豆用冷水浸泡过夜，加水，放入锅中煮熟。

2 将三色糙米洗净，用电饭锅煮熟。

3 彩椒洗净，切丁；鸡毛菜洗净；牛油果去皮、去核后，果肉切成小块。

4 将备好的食材摆盘，牛油果上撒适量辣椒粉调味，蔬菜淋入少量生抽调味即可。

营养师说：

牛油果富含优质脂肪和膳食纤维，能提供较强的饱腹感。另外，牛油果中含有的单不饱和脂肪酸成分，对肌肉修复起着积极作用。将牛油果搭配豆类、糙米、蔬菜等食用，可以为身体补充多种营养物质，非常适合健身后食用。

彩椒肉丝荞麦拌面

猪里脊的营养成分（以100克可食用部分计）

热量	碳水化合物	蛋白质	脂肪
150千卡	0克	19.6克	7.9克

所需材料：

彩椒 100 克，猪里脊肉肉丝 100 克，荞麦面 150 克，胡萝卜、包菜、角瓜各 30 克，大葱、姜、蒜、酱油、盐、胡椒粉、食用油各适量。

制作步骤：

1 将荞麦面放入开水中煮熟，捞出后用冷水冲洗，放在盘子里。

2 彩椒、胡萝卜、角瓜切成细丝；包菜切成块；大葱、姜、蒜切成细末备用。

3 在热锅中放入适量的油，加入姜末和蒜末爆香。

4 加入猪里脊肉肉丝翻炒，待肉变色后加入彩椒丝翻炒均匀，再加入酱油、盐和胡椒粉调味，继续翻炒至肉熟透。

5 将炒好的彩椒肉丝放入盛有荞麦面的盘子里，即可食用。

营养师说：

在进行了大量的力量训练后，蛋白质的摄入比例需要增加，以支持肌肉的修复和生长。碳水化合物仍然是提供能量的重要来源，但相对于有氧运动，无氧运动摄入蛋白质的比例应该更高。建议碳水化合物和蛋白质的摄入比例为 2 ：1，以满足肌肉修复和合成所需的营养。

鸡蛋土豆金枪鱼沙拉

金枪鱼罐头的营养成分（以100克可食用部分计）

热量	碳水化合物	蛋白质	脂肪
90千卡	3.7克	16.6克	0.9克

所需材料：

鸡蛋 1 个，中等大小的土豆 1 个，水浸金枪鱼罐头 1 罐，生菜几片，彩椒 100 克，圣女果、洋葱 20 克，橄榄油 3 毫升，盐、胡椒粉、柠檬汁、黑胡椒粉各适量。

制作步骤：

1 将所有蔬菜洗净，生菜撕成块；彩椒切成条状；圣女果对半切开；洋葱切丝。

2 鸡蛋放入锅中，注入冷水，水沸后继续煮 6 ~ 8 分钟。然后将鸡蛋取出，用冷水冲洗，去壳后切成块状备用。

3 将土豆洗净，切厚片，放入蒸锅，蒸至土豆熟透。

4 取一个大碗，将土豆片、生菜块、圣女果、彩椒丝、洋葱丝和金枪鱼罐头混合在一起。

5 再取一只小碗，将橄榄油、柠檬汁、盐和胡椒粉混合成调味汁。

6 将调味汁倒入沙拉碗中，轻轻搅拌均匀，确保所有食材都被充分涂上调味料，再撒上黑胡椒粉调味即可食用。

营养师说：

这道轻食沙拉中，玉米、土豆提供了丰富的碳水化合物和膳食纤维，鸡蛋和金枪鱼提供了蛋白质，蔬菜则提供了多种维生素，非常适合在有氧运动后食用。

在进行了 1 ~ 2 小时的有氧运动后，摄入简单的碳水化合物能够迅速补充肌肉中消耗的糖原，为身体提供能量。同时，添加少量蛋白质可以帮助修复运动时受损的肌肉组织。建议碳水化合物和蛋白质的比例为 3 ∶ 1 或 4 ∶ 1，以满足恢复能量和肌肉修复的需要。

鳗鱼的营养成分（以100克可食用部分计）

热量	碳水化合物	蛋白质	脂肪
122千卡	0.5克	18.8克	5克

所需材料：

大米 100 克，糯米 30 克，紫菜 1 张，薄烧鳗鱼（成品）100 克，鸡蛋（可生食）1 个，圣女果、苦菊少许，寿司帘 1 个。

制作步骤：

1 将大米和糯米一同洗净，加适量水煮成稍微有些干的米饭，晾至常温备用。

2 将薄烧鳗鱼稍过水，以去除部分盐分糖分。切成小块备用。

3 将紫菜铺在寿司帘上。用勺子将米饭均匀地铺在紫菜上，在紫菜边缘留出 2 厘米左右，以便封口。在米饭上铺上切好的薄烧鳗鱼段。从寿司帘底部开始，轻轻地将紫菜向上卷起，确保边缘对齐，并尽量卷紧，以避免松散。用刀将紫菜饭团切成均匀的小段，每段为 2 ~ 3 厘米宽。

4 将鸡蛋放至常温。锅中注入适量冷水，将水加热至 90℃左右，转中小火，用漏勺盛着鸡蛋缓慢放入锅中煮 5 ~ 6 分钟，将鸡蛋捞出，放入冷水中冷却。取出煮好的溏心蛋，对半切开。

5 将做好的紫饭包饭与溏心蛋摆盘，再放上切好的圣女果、苦菊叶搭配食用即可。

营养师说：

紫菜鳗鱼包饭富含蛋白质、碳水化合物和多种维生素，能够为身体快速地提供身体恢复所需能量和肌肉修复所需的营养。搭配溏心蛋则能补充更多的蛋白质，非常适合在训练后适时食用，以促进恢复和补充体力。